21世纪本科院校土木建筑类创新型应用人才培养规划教材

土木建筑 CAD 实用教程

主　编　王文达
副主编　史艳莉

内 容 简 介

本书结合本科生教学和实际工程应用需求,以实例的方式介绍 AutoCAD 绘制土木建筑领域施工图的方法和过程,从设计图纸图幅、建筑施工图、结构施工图等方面,由浅入深地进行了实例分析。为便于读者学习和提高,本书最后还对常用的土木建筑领域的专业 CAD 软件进行了简单的介绍。

本书可作为具备一定土木建筑领域专业知识的高校学生的教材,也可作为土木工程专业学生在课程设计及毕业设计阶段计算机绘图指导用书。

图书在版编目(CIP)数据

土木建筑 CAD 实用教程/王文达主编. —北京:北京大学出版社,2012.1
(21 世纪本科院校土木建筑类创新型应用人才培养规划教材)
ISBN 978-7-301-19884-1

Ⅰ.①土… Ⅱ.①王… Ⅲ.①土木工程—建筑制图:计算机制图—AutoCAD 软件—高等学校—教材 Ⅳ.①TU204-39

中国版本图书馆 CIP 数据核字(2011)第 252949 号

书　　　名:	土木建筑 CAD 实用教程
著作责任者:	王文达　主编
策 划 编 辑:	卢　东　吴　迪
责 任 编 辑:	卢　东
标 准 书 号:	ISBN 978-7-301-19884-1/TU·0204
出 版 者:	北京大学出版社
地　　　址:	北京市海淀区成府路 205 号　100871
网　　　址:	http://www.pup.cn　http://www.pup6.cn
电　　　话:	邮购部 010-62752015　发行部 010-62750672　编辑部 010-62750667
电 子 邮 箱:	pup_6@163.com
印 刷 者:	河北滦县鑫华书刊印刷厂
发 行 者:	北京大学出版社
经 销 者:	新华书店
	787 毫米×1092 毫米　16 开本　15.25 印张　352 千字
	2012 年 1 月第 1 版　2021 年 8 月第 8 次印刷
定　　　价:	40.00 元

未经许可,不得以任何方式复制或抄袭本书之部分或全部内容。
版权所有,侵权必究　　举报电话: 010-62752024
电子邮箱: fd@pup.pku.edu.cn

前　　言

　　AutoCAD 是目前应用最广泛的绘图软件之一，土建工程设计领域的二维施工图大多数是通过它来完成的。简便灵活、精确高效等特点和绝对的主导地位使其成为土建工程设计人员的"事实上的绘图工具"，因此，掌握 AutoCAD 绘图技术是土建领域的学生必须具备的能力。

　　本书共分 11 章，主要内容为：第 1 章介绍土建设计施工图的特征及绘制 AutoCAD 土建施工图的要求；第 2 章依据现行建筑制图标准介绍图幅图框的绘制；第 3 章介绍建筑总平面图的绘制方法；第 4、5、6 章分别介绍了建筑平面图、建筑立面图和建筑剖面图的绘图方法；第 7 章通过对一个住宅平面图中建筑用品的绘制，介绍用 AutoCAD 绘制房间布置图的方法；第 8 章介绍建筑详图的绘制；第 9 章介绍钢筋混凝土结构施工图的绘制，包括楼板、楼梯和柱配筋图、基础平面图及独立基础详图，基本涵盖了钢筋混凝土结构施工图的主要类型；第 10 章通过对钢屋架、钢屋架节点详图，外墙转角及钢网架施工图的绘制，介绍常见钢结构施工图的绘制；第 11 章介绍土建领域常见的 CAD 专业软件的功能特点，并简单介绍 AutoCAD 二次开发的技术和工具。

　　本书中的主要章节均通过实例绘图来表述，每个实例包括学习目标、实例分析、操作过程、实例总结、命令详解等环节，力图使学生直接掌握具体实例的绘制方法并独立解决相应工程问题。本书不是具体讲述某个命令的用法，而是将具体命令与实例施工图的绘制相结合，总结绘图经验和技巧，避免学生将时间浪费在极少用到的命令和功能上，如果能按照本书中的实例系统进行学习，相信学生可以在短期内掌握土建工程领域施工图的绘制，达到事半功倍的效果。同时，本书对计算机技术及 CAD 技术的发展等也没有过多介绍。

　　本书第 1、2、10、11 章由兰州理工大学王文达编写，第 3～9 章由兰州理工大学史艳莉编写。王文达任主编，史艳莉任副主编，全书由王文达统稿。本书的编写得到了兰州理工大学教学研究课题的支持，特此致谢！

　　在本书编写过程中，始终坚持严谨求实的作风，以解决工程实际问题为目标，尽量使内容通俗易懂。但由于编者的水平有限，不足之处在所难免，敬请广大读者批评指正，在此表示感谢！

编　者

2011 年 9 月

目 录

第1章　绪论 …………………… 1
 1.1　土建工程设计与施工图 ……… 1
 1.2　CAD技术发展概述 …………… 2
 1.3　土建领域施工图绘制要求 …… 3
 本章小结 ………………………… 6

第2章　图幅图框 ……………… 7
 2.1　学习目标 …………………… 7
 2.2　实例分析 …………………… 7
 2.3　操作过程 …………………… 8
 2.4　实例总结 …………………… 14
 2.5　命令详解 …………………… 15
 2.6　相关知识 …………………… 27
 本章小结 ………………………… 27
 习题 ……………………………… 27

第3章　总平面布置图 ………… 28
 3.1　总平面图绘制基本知识 ……… 28
  3.1.1　总平面图的基本知识 …… 28
  3.1.2　绘制方法与步骤 ………… 30
 3.2　总平面图绘制实例 …………… 30
  3.2.1　学习目标 ………………… 30
  3.2.2　实例分析 ………………… 30
  3.2.3　操作过程 ………………… 31
  3.2.4　实例总结 ………………… 39
  3.2.5　命令详解 ………………… 39
  3.2.6　相关知识 ………………… 44
 本章小结 ………………………… 44
 习题 ……………………………… 45

第4章　建筑平面图 …………… 46
 4.1　建筑平面图绘制基本知识 …… 46
 4.2　轴线 ………………………… 49

  4.2.1　学习目标 ………………… 49
  4.2.2　实例分析 ………………… 50
  4.2.3　操作过程 ………………… 50
  4.2.4　实例总结 ………………… 52
  4.2.5　命令详解 ………………… 53
  4.2.6　相关知识 ………………… 54
 4.3　墙柱 ………………………… 55
  4.3.1　学习目标 ………………… 55
  4.3.2　实例分析 ………………… 55
  4.3.3　操作过程 ………………… 55
  4.3.4　实例总结 ………………… 63
  4.3.5　命令详解 ………………… 63
  4.3.6　相关知识 ………………… 72
 4.4　窗 …………………………… 72
  4.4.1　学习目标 ………………… 72
  4.4.2　实例分析 ………………… 73
  4.4.3　操作过程 ………………… 73
  4.4.4　实例总结 ………………… 76
  4.4.5　命令详解 ………………… 76
  4.4.6　相关知识 ………………… 82
 4.5　门 …………………………… 82
  4.5.1　学习目标 ………………… 83
  4.5.2　实例分析 ………………… 83
  4.5.3　操作过程 ………………… 83
  4.5.4　相关知识 ………………… 84
 4.6　楼梯 ………………………… 86
  4.6.1　学习目标 ………………… 86
  4.6.2　实例分析 ………………… 86
  4.6.3　操作过程 ………………… 86
  4.6.4　实例总结 ………………… 88
  4.6.5　命令详解 ………………… 88
  4.6.6　相关知识 ………………… 91
 4.7　尺寸及文本标注 ……………… 91
  4.7.1　学习目标 ………………… 92

  4.7.2 实例分析 ·················· 92
  4.7.3 操作过程 ·················· 93
  4.7.4 实例总结 ·················· 96
  4.7.5 命令详解 ·················· 96
  4.7.6 相关知识 ·················· 99
本章小结 ································· 100
习题 ····································· 100

第5章　建筑立面图 ················ 103
5.1 建筑立面图基本知识 ············ 103
5.2 立面图定位轴线 ················ 106
  5.2.1 学习目标 ················· 106
  5.2.2 实例分析 ················· 106
  5.2.3 操作过程 ················· 107
  5.2.4 实例总结 ················· 111
  5.2.5 命令详解 ················· 111
  5.2.6 相关知识 ················· 113
5.3 立面图门窗 ···················· 113
  5.3.1 学习目标 ················· 113
  5.3.2 实例分析 ················· 113
  5.3.3 操作过程 ················· 113
  5.3.4 实例总结 ················· 117
  5.3.5 相关知识 ················· 118
5.4 立面图尺寸标注 ················ 118
  5.4.1 学习目标 ················· 119
  5.4.2 实例分析 ················· 119
  5.4.3 操作过程 ················· 119
  5.4.4 实例总结 ················· 121
  5.4.5 相关知识 ················· 121
本章小结 ································· 122
习题 ····································· 122

第6章　建筑剖面图 ················ 124
6.1 建筑剖面图基本知识 ············ 124
6.2 剖面图辅助线 ·················· 126
  6.2.1 学习目标 ················· 126
  6.2.2 实例分析 ················· 127
  6.2.3 操作过程 ················· 127
  6.2.4 命令详解 ················· 129
  6.2.5 相关知识 ················· 130

6.3 底层剖面图 ···················· 130
  6.3.1 学习目标 ················· 130
  6.3.2 实例分析 ················· 130
  6.3.3 操作过程 ················· 130
  6.3.4 实例总结 ················· 134
6.4 水箱间顶层和标准层剖面图 ······ 134
  6.4.1 学习目标 ················· 134
  6.4.2 实例分析 ················· 134
  6.4.3 操作过程 ················· 135
  6.4.4 实例总结 ················· 138
  6.4.5 相关知识 ················· 138
本章小结 ································· 138
习题 ····································· 139

第7章　房屋布置图 ················ 140
7.1 客厅平面布置图 ················ 140
  7.1.1 学习目标 ················· 140
  7.1.2 实例分析 ················· 140
  7.1.3 操作过程 ················· 141
  7.1.4 实例总结 ················· 147
7.2 卧室平面布置图 ················ 147
  7.2.1 学习目标 ················· 147
  7.2.2 实例分析 ················· 147
  7.2.3 操作过程 ················· 148
  7.2.4 相关知识 ················· 150
7.3 卫生间座便器 ·················· 150
  7.3.1 学习目标 ················· 150
  7.3.2 实例分析 ················· 151
  7.3.3 操作过程 ················· 151
  7.3.4 实例总结 ················· 152
本章小结 ································· 153
习题 ····································· 153

第8章　建筑详图 ·················· 155
8.1 建筑详图基本知识 ·············· 155
8.2 水平栏杆 ······················ 156
  8.2.1 学习目标 ················· 156
  8.2.2 实例分析 ················· 156
  8.2.3 操作过程 ················· 156
  8.2.4 实例总结 ················· 157

		8.2.5 相关知识 …………… 158

8.3 外墙墙身详图——勒脚详图 …… 158
    8.3.1 学习目标 …………… 158
    8.3.2 实例分析 …………… 159
    8.3.3 操作过程 …………… 159
    8.3.4 实例总结 …………… 161
本章小结 …………………………… 161
习题 ………………………………… 161

第 9 章 结构施工图——钢筋混凝土结构 …… 163

9.1 楼板结构配筋图 ………………… 163
    9.1.1 学习目标 …………… 163
    9.1.2 实例分析 …………… 164
    9.1.3 操作过程 …………… 164
    9.1.4 实例总结 …………… 168
    9.1.5 相关知识 …………… 168

9.2 楼梯配筋图 ……………………… 169
    9.2.1 学习目标 …………… 169
    9.2.2 实例分析 …………… 170
    9.2.3 操作过程 …………… 170
    9.2.4 命令详解 …………… 173
    9.2.5 相关知识 …………… 174

9.3 钢筋混凝土柱截面详图 ………… 175
    9.3.1 学习目标 …………… 175
    9.3.2 实例分析 …………… 175
    9.3.3 操作过程 …………… 175
    9.3.4 命令详解 …………… 176
    9.3.5 相关知识 …………… 177

9.4 基础平面布置图 ………………… 178
    9.4.1 学习目标 …………… 178
    9.4.2 实例分析 …………… 178
    9.4.3 操作过程 …………… 178
    9.4.4 相关知识 …………… 183

9.5 独立基础详图 …………………… 183
    9.5.1 学习目标 …………… 183
    9.5.2 实例分析 …………… 183
    9.5.3 操作过程 …………… 183
    9.5.4 实例总结 …………… 186
    9.5.5 相关知识 …………… 186

本章小结 …………………………… 187
习题 ………………………………… 187

第 10 章 结构施工图——钢结构 …… 189

10.1 钢屋架 …………………………… 189
    10.1.1 学习目标 …………… 189
    10.1.2 实例分析 …………… 189
    10.1.3 操作过程 …………… 190
    10.1.4 实例总结 …………… 192
    10.1.5 命令详解 …………… 193
    10.1.6 相关知识 …………… 193

10.2 钢屋架节点详图 ………………… 193
    10.2.1 学习目标 …………… 193
    10.2.2 实例分析 …………… 193
    10.2.3 操作过程 …………… 194
    10.2.4 实例总结 …………… 196
    10.2.5 命令详解 …………… 196
    10.2.6 相关知识 …………… 196

10.3 外墙转角 ………………………… 197
    10.3.1 学习目标 …………… 197
    10.3.2 实例分析 …………… 197
    10.3.3 操作过程 …………… 197
    10.3.4 实例总结 …………… 200
    10.3.5 命令详解 …………… 200
    10.3.6 相关知识 …………… 203

10.4 网架结构施工图 ………………… 203
    10.4.1 学习目标 …………… 203
    10.4.2 实例分析 …………… 203
    10.4.3 操作过程 …………… 204
    10.4.4 实例总结 …………… 205
    10.4.5 命令详解 …………… 205
    10.4.6 相关知识 …………… 205

本章小结 …………………………… 206
习题 ………………………………… 206

第 11 章 土建领域常用 CAD 专业软件介绍 …… 208

11.1 天正建筑 CAD 系列 …………… 208
    11.1.1 天正建筑 TArch ……… 209
    11.1.2 天正结构 TAsd ……… 215

11.2 结构分析 CAD 软件 …………… 223
    11.2.1 PKPM 系列软件 ……… 224
    11.2.2 广厦结构 CAD 系统 …………………… 225
    11.2.3 MIDAS 系列 ………… 227
    11.2.4 金土木 CSI ETABS/ SAP2000 等系列软件 … 228
11.3 AutoCAD 的二次开发工具简介 …………………………… 231
    11.3.1 AutoLISP/ Visual LISP …………………… 231
    11.3.2 VBA ………………… 231
    11.3.3 ADS/ARX/ADSRX … 231
    11.3.4 ObjectARX ………… 232
本章小结 ……………………………… 232
习题 …………………………………… 233

参考文献 ……………………………… 234

第1章 绪 论

教学目标

(1) 了解土建工程设计与施工图的关系。
(2) 了解CAD技术的发展概况。
(3) 掌握土建领域施工图绘制要求。

教学要求

知识要点	能力要求	相关知识
土建工程设计与施工图	(1) 土建工程设计的概念 (2) 土建专业工程施工图的作用	土木工程概论 土建类专业课
CAD技术发展	(1) 了解CAD技术的概念 (2) 了解土建领域CAD技术的发展	计算机技术
土建施工图绘制要求	理解土建施工图表达要求	建筑制图标准

1.1 土建工程设计与施工图

建筑设计是指建筑物在建造之前，设计者按照建设任务，把施工过程和使用过程中所存在的或可能发生的问题，事先作好通盘的设想，拟定好解决这些问题的办法、方案，用图纸和文件表达出来，作为材料准备、施工组织和各工种在制作、建造工作中互相配合协作的共同依据，便于整个工程得以在预定的投资限额范围内，按照考虑周密的预定方案，统一步调、顺利进行，并使建成的建筑物充分满足使用者和社会所期望的各种功能要求。

随着社会的发展和科学技术的进步，建筑设计所包含的内容、所要解决的问题越来越复杂，涉及的相关学科也越来越多。广义的建筑设计是指设计一个建筑物或建筑群所要做的全部工作。由于科学技术的发展，在建筑上利用各种科学技术的成果越来越广泛深入，设计工作常涉及建筑学、结构学以及给水、排水、供暖、空气调节、电气、燃气、消防、防火、自动化控制管理、建筑声学、建筑光学、建筑热工学、工程估算、园林绿化等方面的知识，需要各种科学技术人员的密切协作。但通常所说的建筑设计是指"建筑学"范围内的工作。它所要解决的问题，包括建筑物内部各种使用功能和使用空间的合理安排，建筑物与周围环境、各种外部条件的协调配合，内部和外观的艺术效果，各个细部的构造方式，建筑与结构、建筑与各种设备等相关技术的综合协调，以及如何以更少的材料、更少的劳动力、更少的投资、更少的时间来实现上述各种要求。其最终目的是使建筑物做到适用、经济、坚固、美观。土木建筑工程设计包括的内容比较宽广，限于专业性的具体技术要求，本书内容所指的施工图则主要指建筑施工图设计及结构施工图设计的内容。

目前，对于大多数建筑师来说，立意构思的过程仍是在头脑中和草图纸上完成的，但也有相应的方案和草图软件，例如草图大师(Sketchup)软件在提高设计师效率等方面具有很好的优势。目前在土木建筑设计过程中，无论是方案设计、初步设计还是施工图设计都广泛地采用了CAD技术，使用CAD技术可以缩短设计周期、提高图纸质量和设计效益，可以产生直观生动的建筑空间效果，还可以促进新型设计模式的产生。因此，计算机绘图技术是土木建筑领域从业人员必须掌握的一门技术。

1.2　CAD技术发展概述

CAD技术含义为计算机辅助设计技术(Computer Aided Design)，它在一定程度上直接影响了建筑业的发展。CAD技术是指在设计过程中，利用计算机作为工具，帮助工程师进行设计的一切实用技术的总和。CAD技术应用领域很广，其中应用最为广泛的是二、三维的几何形体建模、绘图、各种机械零部件的设计、电路设计、建筑结构设计、力学分析等。

计算机辅助设计作为一门学科始于20世纪60年代初，一直到20世纪70年代，由于受到计算机技术的限制，CAD技术的发展很缓慢。进入20世纪80年代以来，计算机技术突飞猛进，特别是微机和工作站的发展和普及，再加上功能强大的外围设备，如大型图形显示器、绘图仪、激光打印机的问世，极大地推动了CAD技术的发展，CAD技术已进入实用化阶段，广泛服务于机械、电子、宇航、建筑、纺织等产品的总体设计、造型设计、结构设计、工艺过程设计等环节。

在工业化国家如美国、日本和欧洲，CAD已广泛应用于设计与制造的各个领域，如工程建筑、装饰、机械、电子、汽车、造船、航天、服装、玩具等行业，实现了100%的计算机绘图。CAD系统的销售额每年以30%～40%的速度递增，各种CAD软件的功能越来越完善，越来越强大。国内于20世纪70年代末开始，CAD技术的大力推广应用工作已经取得了可喜的成绩，CAD技术在我国的应用也越来越广泛，出现了一批具有一定技术水平的国产CAD软件。

AutoCAD系列软件是美国Autodesk公司首次于1982年生产的自动计算机辅助设计软件，用于二维绘图、详细绘制、设计文档和基本三维设计，经过不断的发展完善，现已经成为国际上广为流行的绘图工具。AutoCAD具有良好的用户界面，通过交互菜单或命令行方式便可以进行各种操作。它的多文档设计环境，让非计算机专业人员也能很快地学会使用，并且在不断实践的过程中能更好地掌握它的各种应用和开发技巧，从而不断提高工作效率。AutoCAD具有广泛的适应性，它可以在各种操作系统支持的微型计算机和工作站上运行，并支持分辨率由320×200到2048×1024的各种图形显示设备40多种，以及数字仪和鼠标器 30 多种，绘图仪和打印机数十种，这就为 AutoCAD 的普及创造了条件。现在它的最新版本为 AutoCAD 2011。

需要说明的是，尽管本书所讲授的内容是在基于 AutoCAD 2008 基础上进行的，但基本可在 AutoCAD 2008 及以上版本的运行环境中实现。

1.3 土建领域施工图绘制要求

将一幢拟建房屋的内外形状和大小，以及各部分的结构、构造、装修、设备等内容，按照"国标"的规定，用正投影方法详细准确绘出的图样，称为"房屋建筑图"。它是用以指导施工的主要图纸，所以又称为"施工图"。建筑设计是在总体规划的前提下，根据建设任务和工程技术条件进行房屋的空间组合和细部设计，选择切实可行的结构方案，并用设计图的形式表现出来。设计工作一般分为两个阶段：初步设计和施工图设计。初步设计的目的是提出设计方案，表明房屋的平面布置、立面处理、结构形式等内容。初步设计成果包括房屋的总平面布置图，建筑平、立、剖面图，以及有关技术和构造说明，各项技术和经济指标、总概算等内容，供有关部门研究和审批。施工图设计主要是将已经批准的初步设计图，按照施工的要求予以具体化，在满足施工要求及协调各专业之间关系后最终完成设计，为施工安装、编制施工预算、安排材料、设备和非标准构配件的制作等提供完整的、正确的图纸依据。

土建领域的施工图，按照其专业内容或作用的不同，一般分为以下几部分。

首页图：包括图纸目录和施工总说明。

建筑施工图（简称建施）：主要表达新建房屋的规划位置、房屋的外部造型、内部各房间的布置、室内外装修、细部构造及施工要求等内容。它包括建筑总平面图、建筑平面图、建筑立面图、建筑剖面图和建筑详图等。

结构施工图（简称结施）：主要表达房屋承重结构的结构类型、结构布置和各构件的外形、大小、材料、数量及做法等内容。它包括结构设计总说明、结构平面布置图和结构构件详图等。

此外还有主要表达房屋的给水排水、采暖通风、供电照明等的设备施工图。

使用 AutoCAD 绘制施工图要求图纸线条规范、数据准确、说明详细。在绘图前首先要做好以下准备工作。

1. 新建文件，确定文件名

选择【文件】→【新建】命令，或在标准工具栏中单击【新建】按钮，可以创建新图形文件，此时将打开【选择样板】对话框，如图 1.1 所示。在【选择样板】对话框中，可以在【名称】列表框中选中某一样板文件，这时在其右面的【预览】框中将显示出该样板的预览图像。单击【打开】按钮，可以以选中的样板文件为样板创建新图形，以样板文件 ISO A3 - Named Plot Styles 为例，图 1.2 显示了该图形文件的布局。

2. 设置图形单位

在 AutoCAD 中，用户可以采用 1∶1 的比例因子绘图，则所有直线、圆和其他对象都将以真实大小来绘制。例如，如果一个构件长 200cm，那么它就可以按 200cm 的真实大小

图 1.1 【选择样板】对话框

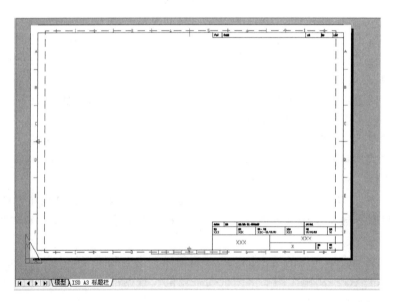

图 1.2 ISO A3 – Named Plot Styles.dwt

来绘制，在需要打印出图时，再将图形按图纸大小进行缩放。例如在中文版 AutoCAD 2008 中，用户可以选择【格式】→【单位】命令，在打开的【图形单位】对话框中，如图 1.3 所示，设置绘图时使用的长度单位、角度单位，以及单位的显示格式和精度等参数。

3. 设置图形界限

在中文版 AutoCAD 2008 中，用户不仅可以通过设置参数选项和图形单位来设置绘图环境，还可以设置绘图图限。使用 Limits 命令可以在模型空间中设置一个想象的矩形绘图区域，也称为图限。它确定的区域是可见的栅格指示的区域，如图 1.4 所示，也是选择【视图】→【缩放】→【全部】命令时决定显示多大图形的一个参数。

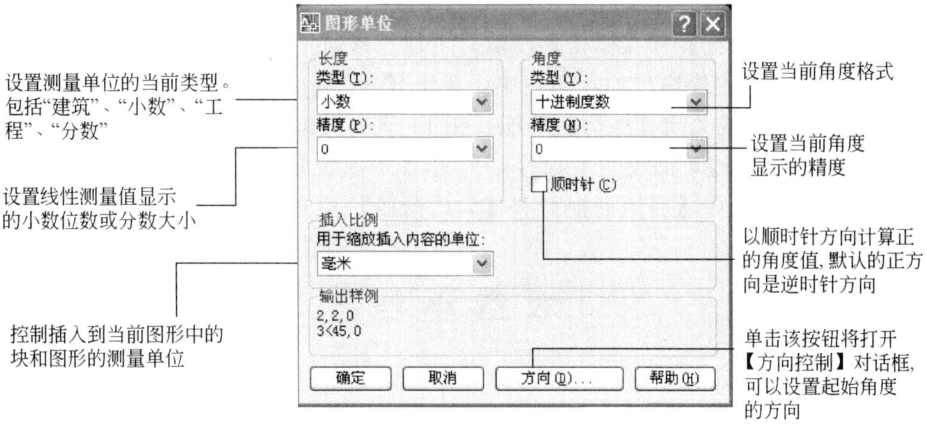

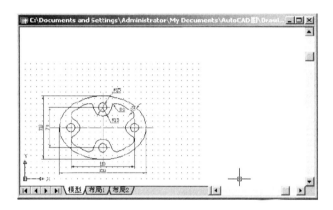

图 1.3 【图形单位】对话框

图 1.4 用栅格表示的绘图界限

4．设置图层

作为一种组织对象的方法，应该随图纸内容为每一幅图设置若干图层，将不同的部分放在不同的图层中，只要图纸中所有的图元都有适当的归类办法，图层设置的基础就搭建好了，在绘图和以后的修改中都会非常的方便，在本书后面内容中会详细讲述图层的设置方法和具体步骤。

5．设置线型

所有的图形都是由不同的线型组成的，在绘制工程图前，应将常用的线型设置好，方便以后使用。如点划线一般用于轴网；虚线用于视图中不可见的边界；尺寸线一般用细线，表示两点之间的线性距离；等等。

6．设置栅格和捕捉

图形对尺寸要求严格，必须按给定尺寸绘图。可以通过常用的指定点坐标的方法来绘制图形，还可以使用系统提供的【捕捉】、【对象捕捉】、【对象追踪】等功能，在不输入坐标的情况下快速、精确地绘制图形。AutoCAD 的栅格和捕捉设置是图形精确绘图的有效工具。【栅格】功能是在屏幕上显示点的图案，但它不会被打印输出。【捕捉】功能可以限制十字光标按预定义的间距移动。

要打开或关闭【捕捉】和【栅格】功能,可以选择以下几种方法:

(1) 在 AutoCAD 程序窗口的状态栏中,单击【捕捉】和【栅格】按钮。

(2) 按 F7 键打开或关闭【栅格】功能,按 F9 键打开或关闭【捕捉】功能。

(3) 选择【工具】→【草图设置】命令,打开【草图设置】对话框,在【捕捉和栅格】选项卡中选中或取消选中【启用捕捉】和【启用栅格】复选框。

本 章 小 结

(1) 施工图是联系设计与建造的桥梁。

土建专业领域的各专业施工图,是体现和表达设计者设计意图的工具,是工程建设实施的依据。施工图是联系设计与建造之间的桥梁。

(2) CAD 技术的发展极大地促进了土建领域施工图效率。

土建领域的施工图已完全摆脱了手工绘制,全部采用 CAD 技术绘制。CAD 技术的发展极大地促进了土建施工图的生产效率。

(3) 土建施工图绘制要符合要求。

土建领域施工图按照不同专业进行分类。不同专业的施工图绘制均要满足相应国家制图规范的要求。

第2章 图幅图框

教学目标

（1）掌握图幅图框的基本知识。
（2）掌握采用 AutoCAD 绘制图幅图框的技巧。
（3）掌握图幅图框绘制的相关命令。

教学要求

知识要点	能力要求	相关知识
图幅图框	掌握图幅图框基本知识	建筑制图知识 建筑制图标准
图幅图框绘制	通过实例掌握图幅图框的绘制技巧	AutoCAD 绘图知识
基本绘图命令	掌握图幅图框绘制的相关命令	AutoCAD 命令

2.1 学习目标

一幅完整的图纸不仅包括图形，还包括完整的图框。在国标《房屋建筑制图统一标准》（GB/T 50001—2001）中对图幅和图框有明确的规定，通过本例的学习使读者了解图框的基本知识并掌握土建图纸图框的基本绘制方法。尽管 AutoCAD 2008 中有样板图框可以直接调用，但在实际应用时由于各单位有自己的具体要求，经常不能直接应用，因此，有必要学习图框的基本绘制方法并制作成块，方便以后使用。

2.2 实例分析

土建图框和图幅的尺寸和规格有严格的规定，一般主要由图框线、图幅线、标题栏及图签栏组成，如图 2.1 所示。图 2.2 为 A3 横式图幅，根据国家标准，A3 图幅的图框线宽为 1.0mm，图幅线为 0.7mm，图签及标题栏均为 0.35mm，$B \times L = 297\text{mm} \times 420\text{mm}$，$a = 25\text{mm}$，$c = 5\text{mm}$。由于标准图纸对图框和标题栏的要求基本一样，因此，可以把常用的图框和标题栏保存为专门的文件，在需要时作为块插入到图中即可，既方便又标准。

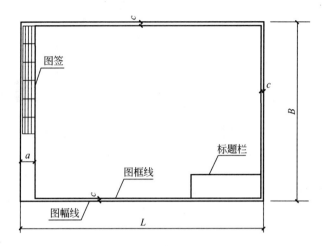

图 2.1 横式图幅

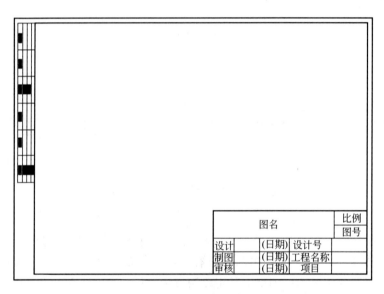

图 2.2 A3 横式图幅

2.3 操作过程

步骤一：绘图准备

1. 新建并保存图形

选择【新建】命令，打开【选择样板】对话框，在【名称】列表框中选择 acad.dwt，新建一个文件，然后选择【保存】命令，将文件命名为"A3.dwg"并保存。

2. 设置图形单位

命令：Units（出现【图形单位】对话框，如图2.3所示，将精度选为0.00）

3. 设置图幅范围

（1）设置图形界限。

命令：Limits

重新设置模型空间界限：

指定左下角点或［开(ON)/关(OFF)］＜0.00，0.00＞：＜Enter＞

指定右上角点＜420.00，297.00＞：＜Enter＞（图幅采用A3图纸）

（2）把绘图区域放大至全屏显示。

命令：Zoom

指定窗口的角点，输入比例因子（nX或nXP），或者［全部(A)/中心(C)/动态(D)/范围(E)/上一个(P)/比例(S)/窗口(W)/对象(O)]＜实时＞：A＜Enter＞

图2.3 设置图形单位

4. 设置图层和线形

本例图框绘制图形简单且仅有一种线型，不用额外设置图层和线型。

步骤二：制作图幅和图框

1. 绘制图幅线

A3图纸的大小为420mm×297mm，因此可以用一个矩形来表示图幅线。图幅线也就是图纸的边缘，绘制图幅线是为了便于观察图形和打印。

方法一：用【矩形】命令

选择【矩形】命令，绘制以原点为起点，点(420，297)为对角点的矩形作为图幅线。具体步骤如下。

命令：Rectang

当前矩形模式：宽度＝0

指定第一个角点或［倒角(C)/标高(E)/圆角(F)/厚度(T)/宽度(W)]：W

指定矩形的线宽＜0＞：0.7

指定第一个角点或［倒角(C)/标高(E)/圆角(F)/厚度(T)/宽度(W)]：0，0

指定另一个角点或［面积(A)/尺寸(D)/旋转(R)]：420，297＜Enter＞

方法二：用【多段线】命令

命令：Pline

指定起点：0，0

当前线宽为0

指定下一个点或［圆弧(A)/半宽(H)/长度(L)/放弃(U)/宽度(W)]：W

指定起点宽度＜0＞：0.7

指定端点宽度＜0.7＞：

指定下一个点或［圆弧(A)/半宽(H)/长度(L)/放弃(U)/宽度(W)]：420，0

指定下一点或［圆弧(A)/闭合(C)/半宽(H)/长度(L)/放弃(U)/宽度(W)]：420，297

指定下一点或［圆弧(A)/闭合(C)/半宽(H)/长度(L)/放弃(U)/宽度(W)]：0，297

指定下一点或［圆弧(A)/闭合(C)/半宽(H)/长度(L)/放弃(U)/宽度(W)]：C

由于图幅和图框线一般为垂直和水平的直线,因此在绘制时灵活应用正交开关(F8)并配合鼠标移动,可快速、方便、准确地绘图。

2. 绘制图框线

图框线的绘制也可以用矩形和多段线命令绘制。

方法一:用【矩形】命令

选择【矩形】命令,绘制以点(25,5)为起点,点(415,292)为对角点的矩形作为图框,结果如图2.4所示。图幅四周与图框四周分别相距5、5、5、25。

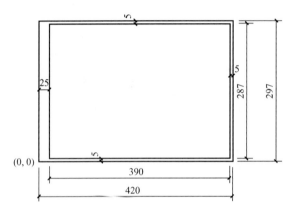

图2.4 图幅和图框线

具体步骤如下。

命令:Rectang

当前矩形模式:宽度=0.7

指定第一个角点或 [倒角(C)/标高(E)/圆角(F)/厚度(T)/宽度(W)]:W

指定矩形的线宽 <0>:1

指定第一个角点或 [倒角(C)/标高(E)/圆角(F)/厚度(T)/宽度(W)]:25,5

指定另一个角点或 [面积(A)/尺寸(D)/旋转(R)]:415,292 <Enter>

方法二:用【多段线】命令

命令:Pline

指定起点:25,5

当前线宽为0

指定下一个点或 [圆弧(A)/半宽(H)/长度(L)/放弃(U)/宽度(W)]:W(设置线宽)

指定起点宽度 <0.0000>:1

指定端点宽度 <6100>:1

回车指定下一个点或 [圆弧(A)/半宽(H)/长度(L)/放弃(U)/宽度(W)]:415,5

指定下一点或 [圆弧(A)/闭合(C)/半宽(H)/长度(L)/放弃(U)/宽度(W)]:415,292

指定下一点或 [圆弧(A)/闭合(C)/半宽(H)/长度(L)/放弃(U)/宽度(W)]:25,292

指定下一点或 [圆弧(A)/闭合(C)/半宽(H)/长度(L)/放弃(U)/宽度(W)]:C

步骤三:绘制标题栏

用【矩形】、【直线】和【偏移】命令绘制标题栏,要注意线条的粗细和尺寸。

(1) 选择【矩形】命令绘制标题栏外框,并设置线宽。

选择【矩形】命令,捕捉图框右下角端点为起点,绘制以相对坐标(@-120,40)为对角点的矩形,将其线宽修改为 0.35,具体步骤如下。

命令:Rectang

当前矩形模式:宽度=1.0

指定第一个角点或 [倒角(C)/标高(E)/圆角(F)/厚度(T)/宽度(W)]:W

指定矩形的线宽 <1.0>:0.35

指定第一个角点或 [倒角(C)/标高(E)/圆角(F)/厚度(T)/宽度(W)]:(用鼠标选取图框右下角点)

指定另一个角点或 [面积(A)/尺寸(D)/旋转(R)]:@-120,40 <Enter>

标题栏的外框绘制完成,如图 2.5 所示。

(2) 用【多段线】命令绘制标题栏内部线段、直线,并设置线宽。

① 用【多段线】命令绘制标题栏内部一条水平线段。

命令:Pline

指定起点:415,13(图 2.6 中的 A 点)

当前线宽为 0.70

指定下一个点或 [圆弧(A)/半宽(H)/长度(L)/放弃(U)/宽度(W)]:W

指定起点宽度 <0.70>:0.35

指定端点宽度 <0.35>:0.35

指定下一个点或 [圆弧(A)/半宽(H)/长度(L)/放弃(U)/宽度(W)]:@-120,0(图 2.6 中的 B 点)

指定下一点或 [圆弧(A)/闭合(C)/半宽(H)/长度(L)/放弃(U)/宽度(W)]:<Esc>

标题栏内部的一条水平线绘制完成,如图 2.6 所示。

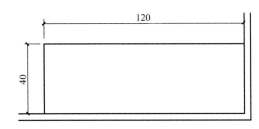

图 2.5 标题栏的外框

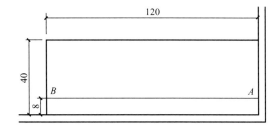

图 2.6 用【多段线】命令绘制标题栏内部一条水平线段

② 用【偏移】命令形成标题栏内其余水平线段,如图 2.7 所示。

命令:Offset

当前设置:删除源=否 图层=源 OFFSETGAPTYPE=0

指定偏移距离或 [通过(T)/删除(E)/图层(L)] <8.00>:8

选择要偏移的对象,或 [退出(E)/放弃

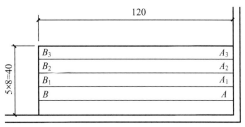

图 2.7 用【偏移】命令形成标题栏内其余水平线段

(U)]＜退出＞：(选择线段 AB)

指定要偏移的那一侧上的点,或［退出(E)/多个(M)/放弃(U)］＜退出＞：(在线段 AB 的上方拾取一点,生成线段 A_1B_1)

选择要偏移的对象,或［退出(E)/放弃(U)］＜退出＞：(继续选择线段 A_1B_1)

指定要偏移的那一侧上的点,或［退出(E)/多个(M)/放弃(U)］＜退出＞：(在线段 A_1B_1 的上方拾取一点,生成线段 A_2B_2)

选择要偏移的对象,或［退出(E)/放弃(U)］＜退出＞：(继续选择线段 A_2B_2)

指定要偏移的那一侧上的点,或［退出(E)/多个(M)/放弃(U)］＜退出＞：(在线段 A_2B_2 的上方拾取一点,生成线段 A_3B_3)

选择要偏移的对象,或［退出(E)/放弃(U)］＜退出＞：E

③ 用【多段线】命令绘制标题栏内部一条垂直线段,如图 2.8 所示。

命令：Pline

指定起点：380,5(图 2.8 中的 C 点)

当前线宽为 0.35

指定下一个点或［圆弧(A)/半宽(H)/长度(L)/放弃(U)/宽度(W)］：@0,24(图 2.8 中的 D 点)＜Enter＞

④ 用【偏移】命令形成其余垂直线段,如图 2.9 所示。

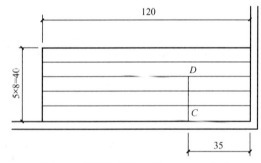
图 2.8 绘制标题栏内部一条垂直线段

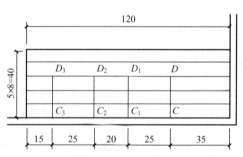
图 2.9 用【偏移】命令形成其余垂直线段

绘制线段 C_1D_1

命令：Offset

当前设置：删除源=否　图层=源　OFFSETGAPTYPE=0

指定偏移距离或［通过(T)/删除(E)/图层(L)］＜通过＞：25

选择要偏移的对象,或［退出(E)/放弃(U)］＜退出＞：(选择线段 CD)

指定要偏移的那一侧上的点,或［退出(E)/多个(M)/放弃(U)］＜退出＞：(在线段 CD 的左方拾取一点,生成线段 C_1D_1)

选择要偏移的对象,或［退出(E)/放弃(U)］＜退出＞：＜Esc＞

绘制线段 C_2D_2

命令：Offset

当前设置：删除源=否　图层=源　OFFSETGAPTYPE=0

指定偏移距离或［通过(T)/删除(E)/图层(L)］＜25.00＞：20

选择要偏移的对象,或［退出(E)/放弃(U)］＜退出＞：(选择线段 C_1D_1)

指定要偏移的那一侧上的点,或［退出(E)/多个(M)/放弃(U)］＜退出＞：(在线段

C_1D_1 的左方拾取一点,生成线段 C_2D_2)

选择要偏移的对象,或[退出(E)/放弃(U)]<退出>:<Esc>

绘制线段 C_3D_3

命令:Offset

当前设置:删除源=否 图层=源 OFFSETGAPTYPE=0

指定偏移距离或[通过(T)/删除(E)/图层(L)]<20.00>:25

选择要偏移的对象,或[退出(E)/放弃(U)]<退出>:(选择线段 C_2D_2)

指定要偏移的那一侧上的点,或[退出(E)/多个(M)/放弃(U)]<退出>:(在线段 C_2D_2 的左方拾取一点,生成线段 C_3D_3)

选择要偏移的对象,或[退出(E)/放弃(U)]<退出>:<Esc>

⑤ 用相同的方法绘制标题栏内的其他线段,绘制好的图形如图 2.10 所示。

⑥ 用【修剪】命令将标题栏内多余线段删除。

命令:Trim

当前设置:投影=UCS,边=无

选择剪切边:...(用鼠标选取 EF 线段)

选择对象或<全部选择>:找到 1 个

选择对象:<Enter>

选择要修剪的对象,或按住 Shift 键选择要延伸的对象,或[栏选(F)/窗交(C)/投影(P)/边(E)/删除(R)/放弃(U)]:(选择 EF 线段左侧要修剪的线段)

修剪后的图形如图 2.11 所示。

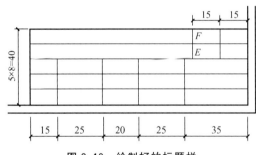

图 2.10 绘制好的标题栏

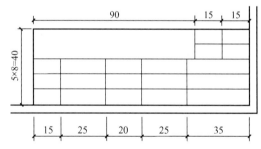

图 2.11 修剪后标题栏

⑦ 书写文字:将标准格式标题栏的固定文字填入标题栏,如图 2.12 所示。

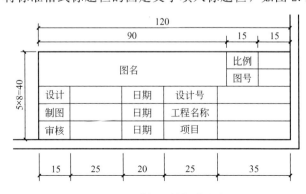

图 2.12 对标题栏标注文字

步骤四：绘制图签

1. 绘制矩形并设置线宽

选择【矩形】命令，捕捉图框左上角端点为起点，绘制以相对坐标(@-5，-30)为对角点的矩形，其线宽为 0.35，如图 2.14(a)所示。

命令：Rectang

当前矩形模式：宽度＝35

指定第一个角点或［倒角(C)/标高(E)/圆角(F)/厚度(T)/宽度(W)］：（捕捉图框左上角端点为起点）

图 2.13 【阵列】对话框

指定另一个角点或［面积(A)/尺寸(D)/旋转(R)］：@-5，-30

2. 阵列矩形

选择【阵列】命令，弹出【阵列】对话框，各参数设置如图 2.13 所示，将上一步绘制的矩形复制成 12 个，结果为图 2.14(b)所示的图签。

3. 书写文字

在图签栏内输入文字"专业"等，并将文字旋转 90°角，然后复制修改文字，填入表格，如图 2.14(c)所示。

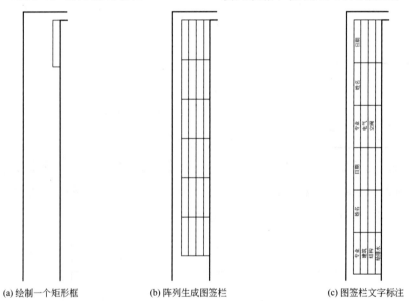

(a) 绘制一个矩形框　　(b) 阵列生成图签栏　　(c) 图签栏文字标注

图 2.14　图签栏的绘制步骤

2.4　实例总结

在 CAD 绘图过程中，经常要用"坐标输入法"来确定平面上某点的位置，以便进行精确绘图。用坐标输入精确定位图形中各点的位置是最基本的操作方法之一。所有图形对象中的线段与文本和标注等都要求用户输入点以指定它们的位置、大小和方向，因此精确地输入点的坐标是绘图的关键。本题以绘制 A3 图纸的内外边框为例学习坐标输入法的基本技巧。

使用"坐标输入法"时，可以输入基于原点的绝对坐标值，也可以输入基于上一输入点的相对坐标值。要输入相对坐标，需用@符号作为前缀。例如输入@1，0，0 表示在 X 轴正方向距离上一点一个单位的点。要在命令行中输入绝对坐标，无需输入任何前缀。

2.5 命令详解

1. 多段线命令（Pline）

多段线是作为单个对象创建的相互连接的序列线段，可以创建直线段、弧线段或两者的组合线段。多段线提供单个直线所不具备的编辑功能。例如，可以调整多段线的宽度和曲率。创建多段线之后，可以使用 Pedit 命令对其进行编辑，或者使用 Explode 命令将其转换成单独的直线段和弧线段。图 2.15 所示的是一些典型的多段线。

开始绘制多段线时，AutoCAD 提示指定起点，与绘制一直线相似。在指定了起点后，AutoCAD 显示当前直线的宽度，并提示如下。

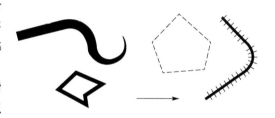

图 2.15　典型的多段线

指定下一点或［圆弧(A)/闭合(C)/半宽(H)/长度(L)/放弃(U)/宽度(W)］：

默认设置是用当前的宽度绘制一个直线段。通过指定线段的端点可以绘制一直线多段线（就像绘制直线时一样），绘制方法与直线基本相同。如果要改变当前设置可选择多段线的其他选项，如下所述。

● （圆弧 A）：将多段线转换成圆弧模式，可以绘制圆弧多段线线段。该命令呈现一个不同系列的选项，与 Arc 命令相似。

● （闭合 C）：通过绘制一个从当前点到所绘制的第一个多段线线段起点的直线线段来封闭多段线。

● （半宽 H）：通过提示指定从多段线中心线到一个边界的距离（宽度的一半）来指定下一个多段线线段的宽度。可以分别设置起点和端点宽度，用于创建一个逐渐变细的多段线线段。AutoCAD 随后绘制的多段线线段都将使用上一个线段的端点宽度，除非再次修改宽度值。

● （长度 L）：绘制一个指定长度的多段线线段，用与上一个线段相同的角度继续绘制多段线。

● （放弃 U）：删除上一个绘制的多段线线段。

● （宽度 W）：指定下一个多段线线段的整个宽度。可以分别设置起点和端点宽度，用于创建一个逐渐变细的多段线线段。AutoCAD 随后绘制的多段线都将使用上一个线段的端点宽度，除非再次修改宽度值。

要创建一个多段线直线线段，具体步骤如下。

(1) 可以使用下列任一种方法运行【多段线】命令。

● 在【绘图】工具栏中，单击【多段线】按钮。

● 从【绘图】下拉菜单中，选择【多段线】命令。

● 在"命令:"提示下，输入 Pline(或 PL)，并按回车键。

AutoCAD 提示如下。

指定起点:

(2) 指定多段线起点。此时，一个橡皮筋线将从指定点延伸到光标位置，并随着光标的移动而改变。AutoCAD 提示如下。

当前线宽为 0.0000

指定下一点或［圆弧(A)/闭合(C)/半宽(H)/长度(L)/放弃(U)/宽度(W)］:

(3) 指定多段线线段的端点。指定了端点后，AutoCAD 绘制一多段线线段，并重复上一个提示。可以从中选择一个选项，或绘制另一个多段线线段。

(4) 要结束命令，可以按回车键。如果绘制了两个以上的线段，输入 C，并按回车键，可以封闭该多段线，并结束命令。

2. 多段线圆弧

【圆弧】选项将多段线转换为圆弧模式。一旦进入该模式，新创建的多段线线段将成为圆弧多段线线段，直到结束命令或将其转换回直线模式。在绘制圆弧多段线线段时，圆弧的第一点是上一个多段线线段的端点。作为默认方式，用指定每一个圆弧线段的端点方式绘制多段线圆弧线段。每一个连续的圆弧线段都相切于上一个圆弧线段或直线线段。

在转换为圆弧模式后，AutoCAD 提示指定当前圆弧线段的端点，并呈现一个不同系列的提示。

指定圆弧的端点或［角度(A)/圆心(CE)/闭合(CL)/方向(D)/半宽(H)/直线(L)/半径(R)/第二点(S)/放弃(U)/宽度(W)］:

● (角度 A)：提示指定一个包含角，还是圆弧角度间距。一个正数指定一个逆时针角度，一个负数指定一个顺时针角度，然后指定圆弧的圆心、半径或圆弧的端点。

● (圆心 CE)：指示指定圆弧线段的圆心点。然后指定圆弧的角度、长度或圆弧的端点。

● (闭合 CL)：通过绘制一个从当前点相切于上一个多段线线段的到第一个多段线线段起点的圆弧多段线封闭整个多段线。

● (方向 D)：提示指定一个相切于上一个线段的圆弧线段的起始方向。然后指定端点。

● (半宽 H)：提示指定一个半宽，它与直线模式中的半宽选项相同。

● (直线 L)：将多段线转换为直线模式，可以绘制直线多段线线段。

● (半径 R)：提示指定圆弧多段线线段的半径。然后，既可以指定端点(默认方式)，也可以指定圆弧的转向角度。所绘制的圆弧相切于上一个多段线线段。

● (第二点 S)：指示指定另外的两个圆弧将要通过的点。

● (放弃 U)：删除上一个绘制的多段线线段。

● (宽度 W)：提示下一个多段线线段的整个宽度。它与直线模式中的宽度选项相同。

如果指定当前圆弧线段的端点(默认选项)，该圆弧线段将与上一个多段线线段相切。

要绘制一个圆弧多段线线段,具体步骤如下。

(1) 使用以下任一种方法运行【多段线】命令。

- 在【绘图】工具栏中,单击【多段线】按钮。
- 从【绘图】下拉菜单中,选择【多段线】命令。
- 在"命令:"提示下,输入 Pline(或 PL),并按回车键。

AutoCAD 提示如下。

指定起点:

(2) 指定起点。

AutoCAD 提示如下。

当前线宽为 0.0000

指定下一点或 [圆弧(A)/闭合(C)/半宽(H)/长度(L)/放弃(U)/宽度(W)]:

(3) 输入 A,并按回车键,或是单击右键,从弹出的快捷菜单中选择【圆弧】命令。此时,一条橡皮筋圆弧线段将从起点延伸到光标位置处,并随着光标的移动而改变。AutoCAD 提示如下。

指定圆弧的端点或 [角度(A)/圆心(CE)/闭合(CL)/方向(D)/半宽(H)/直线(L)/半径(R)/第二点(S)/放弃(U)/宽度(W)]:

(4) 指定圆弧多段线的端点。指定了端点后,AutoCAD 绘制一个多段线线段,并重复上一个提示。可以从中选择一个选项或绘制另一条多段线线段。

(5) 要结束命令,可按回车键,或是输入 CL,并按回车键(或从快捷菜单中选择【封闭】选项),封闭多段线,并结束命令。

3. 偏移命令(Offset)

📖**提示:** 在使用偏移命令时,必须对偏移的距离准确把握,要根据图形的尺寸标注,把偏移距离计算准确。

偏移命令用于创建造型与选定对象造型平行的新对象。偏移圆或圆弧可以创建更大或更小的圆或圆弧,取决于向哪一侧偏移。通过偏移命令可以创建同心圆、平行线和平行曲线等,可偏移的对象很多,包括直线、圆弧、圆、构造线、二维多段线、射线及样条曲线等,通过指定距离创建一个平行的副本,可按下列步骤进行。

(1) 可以使用以下任一种方法运行【偏移】命令。

- 在【修改】工具栏中,单击【偏移】按钮。
- 从【修改】下拉菜单中,选择【偏移】命令。
- 在"命令:"提示下,输入 Offset(或 O),然后按回车键。

AutoCAD 提示如下。

指定偏移距离或 [通过(T)] <1.0000>:

(2) 通过选择两个点或键入一个距离值指定距离。AutoCAD 提示如下。

选择要偏移的对象或 <退出>:

(3) 指定要进行偏移的对象。AutoCAD 提示如下。

指定点以确定偏移所在一侧:

(4) 通过单击,指定将平行偏移的副本放置在原始对象的哪一侧。AutoCAD 随后提示选择另一个要偏移的对象。

(5)重复执行(3)和(4),或按回车键结束命令。

4. 延伸命令(Extend)

在 AutoCAD 中,可以延伸对象,以便使对象在由其他对象定义的边界处结束。在使用 Extend 命令时,首先选择边界的边,然后指定要延伸的对象,选择对象可以一次选择一个对象,也可以使用栏选方式选择多个对象。只有圆弧、椭圆弧、直线、不闭合的二维和三维多段线以及射线可以被延伸。有效的边界对象包括圆弧、圆、椭圆、椭圆弧、浮动视口边界、直线、二维和三维多段线、射线、面域、样条曲线、文字和多线。要延伸对象,如图 2.16 所示,可按下列步骤进行。

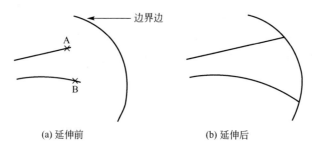

(a) 延伸前   (b) 延伸后

图 2.16　用【延伸】命令延伸 A、B 线段

(1)使用以下任一种方法运行【延伸】命令。
● 在【修改】工具栏中,单击【延伸】按钮。
● 从【修改】下拉菜单中,选择【延伸】命令。
● 在"命令:"提示下,输入 Extcnd(或 EX),然后按回车键。
AutoCAD 提示如下。

当前设置:投影=UCS　边=无

选择边界的边...

选择对象:

(2)选择用作边界的边的对象。

AutoCAD 提示如下。

选择要延伸的对象或 [投影(P)/边(E)/放弃(U)]:

(3)选择要延伸的对象。然后 AutoCAD 重复上面的提示。

(4)选择另一个要延伸的对象,或按回车键结束命令。

注意:如果选择了多个边界边,一个对象仅被拉长到距离它最近的边界边。通过再次选择该对象,可以将该对象继续延伸到下一个边界边。如果一个对象可以沿多个方向延伸,AutoCAD 将沿着最接近选择对象的点的方向延伸对象。

例如要同时延伸几个对象,如图 2.17 所示,可以使用下面的命令提示和说明。

命令:Extend

当前设置:投影=UCS　边=延伸

选择边界的边...

选择对象:(选择最外边界)

选择对象:<Enter>

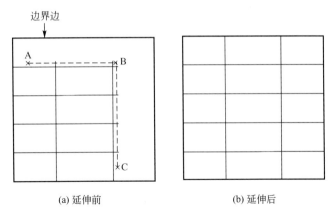

(a) 延伸前　　　　　　　　　(b) 延伸后

图 2.17　使用栏选对象选择方式同时延伸几个对象

选择要延伸的对象或［投影(P)/边(E)/放弃(U)］：F
第一栏选点：(选择点 A)
指定直线的端点或［放弃(U)］：(选择点 B)
指定直线的端点或［放弃(U)］：(选择点 C)
指定直线的端点或［放弃(U)］：(按回车键)
选择要延伸的对象或［投影(P)/边(E)/放弃(U)］：＜Enter＞

注意：在延伸带宽度的多段线时，它的中心线与边界边相交。由于多段线的端点总是沿 90°角切断，因此，一部分多段线可能被延伸出边界。一个带锥度的多段线在与边界相交时保持其锥度。如果延伸后的结果可能导致多段线的宽度为负，则其端点宽度将修改为 0，如图 2.18 所示。

(a) 延伸前　　　　　　　　　　　　　　(b) 延伸后

图 2.18　一个带锥度的多段线延伸前与延伸后

5. 修剪命令(Trim)

修剪命令允许在图形中以一个对象为边界来修剪另一个对象。在使用修剪命令时，首先选择剪切边，然后指定要剪切的多个对象，既可以一次选择一个对象，也可以用栏选方式选择多个对象。不能将"先选择后执行"对象选择方式用于修剪命令。只有圆弧、圆、椭圆、椭圆弧、直线、二维和三维多段线、射线、样条曲线和多线可以被剪切。有效的边界对象包括圆弧、圆、椭圆、椭圆弧、浮动视口边界、直线、二维和三维多段线、射线、面域、样条曲线、文字和多线。要修剪一个对象，如图 2.19 所示，可按下列步骤进行。

(1) 使用以下任一种方法运行【修剪】命令。

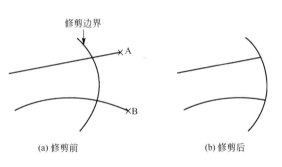

(a) 修剪前　　　　　　(b) 修剪后

图 2.19　修剪命令

- 在【修改】工具栏中，单击【修剪】按钮。
- 从【修改】下拉菜单中，选择【修剪】命令。
- 在"命令:"提示下，输入 Trim(或 TR)，然后按回车键。

AutoCAD 提示如下。

当前设置：投影=UCS 边=延伸

选择剪切边…

选择对象：

(2) 选择作为剪切边界的对象。

AutoCAD 提示如下。

选择要修剪的对象或 [投影(P)/边(E)/放弃(U)]：

(3) 选择一个要剪切的对象。然后 AutoCAD 重复上面的提示。

(4) 选择另一个要剪切的对象，或按回车键结束命令。

注意如果选择了多个剪切边界，对象将与它所碰到的第一个剪切边界相交。如果在两个剪切边之间的对象上拾取一点，在两个剪切边之间的对象将被删除。如果所要进行剪切的对象还是一个剪切边，被删除的部分将在屏幕上消失，并且剪切边界不再亮显。不管怎样，其可见部分仍可作为剪切边界。

熟练运用偏移、修剪或延伸命令可大大加快绘图速度和质量。图 2.20 所示为一交叉路口的绘制过程，读者可自己练习，领会这些命令的使用技巧。

(a) 偏移线段　　　　　(b) 修剪或延长线段　　　　　(c) 修改后图形

图 2.20　用偏移、修剪或延长命令绘制道路

6. 文字标注

文字对象是 AutoCAD 图形中很重要的图形元素，是工程制图中不可缺少的组成部分。在一个完整的图样中，通常都包含一些文字注释来标注图样中的一些非图形信息。例如工程制图中的图名、材料说明、施工要求等。另外，在目前的 AutoCAD 中，使用表格功能可以创建不同类型的表格，还可以在其他软件中复制表格，以简化制图操作。

通过本章的学习，读者应掌握如何创建文字样式，包括设置样式名、字体、文字效果；创建与编辑单行文字和多行文字方法；使用文字控制符和【文字格式】工具栏编辑文字；创建表格方法以及如何编辑表格和表格单元。

1. 创建文字样式

在 AutoCAD 中，所有文字都有与之相关联的文字样式。在创建文字注释和尺寸标注时，AutoCAD 通常使用当前的文字样式，也可以根据具体要求重新设置文字样式或创建新的样式。文字样式包括文字"字体"、"字型"、"高度"、"宽度系数"、"倾斜角"、"反向"、"倒置"以及"垂直"等参数。

选择【格式】→【文字样式】命令,打开【文字样式】对话框,如图 2.21 所示。利用该对话框可以修改或创建文字样式,主要包括样式名、字体和效果三部分内容。

图 2.21 【文字样式】对话框

1)样式名

【样式名】选项组中显示了文字样式的名称、创建新的文字样式、为已有的文字样式重命名或删除文字样式,各选项的含义如下。

【样式名】下拉列表框:列出当前可以使用的文字样式,默认文字样式为 Standard。

【新建】按钮:单击该按钮打开【新建文字样式】对话框。在【样式名】文本框中输入新建文字样式名称,这里输入"汉字"作为新建文字样式名称,如图 2.22 所示,单击【确定】按钮。新建文字样式将显示在【样式名】下拉列表框中,如图 2.23 所示。

图 2.22 新建文字样式

图 2.23 设置文字样式

【重命名】按钮:单击该按钮打开【重命名文字样式】对话框。可在【样式名】文本框中输入新的名称,但无法重命名默认的 Standard 样式。

【删除】按钮:单击该按钮可以删除某一已有的文字样式,但无法删除已经使用的文字样式和默认的 Standard 样式。

2）字体

【字体】选项组用于设置文字样式使用的字体和字高等属性。其中，【SHX 字体】下拉列表框用于选择字体；【大字体】下拉列表框用于选择大字体文件；【高度】文本框用于设置文字的高度。如果将文字的高度设为 0，在使用 Text 命令标注文字时，命令行将显示"指定高度："提示要求指定文字的高度。如果在【高度】文本框中输入了文字高度，AutoCAD 将按此高度标注文字，而不再提示指定高度。

3）效果

【效果】选项组中可以设置文字的颠倒、反向、垂直等显示效果，如图 2.24 所示。在【宽度比例】文本框中可以设置文字字符的高度和宽度之比，当宽度比例值为 1 时，将按系统定义的高宽比书写文字；当宽度比例值小于 1 时，字符会变窄；当宽度比例值大于 1 时，字符则变宽。在【倾斜角度】文本框中可以设置文字的倾斜角度，角度为 0°时不倾斜；角度为正值时向右倾斜；为负值时向左倾斜。

图 2.24 各种文字效果

4）预览与应用文字样式

在【文字样式】对话框的【预览】选项组中，可以预览所选择或所设置的文字样式效果。其中，在【预览】按钮左侧的文本框中输入要预览的字符，单击【预览】按钮，可以将输入的字符按当前文字样式显示在预览框中。

设置文字样式后，单击【应用】按钮即可应用文字样式。然后单击【关闭】按钮，关闭【文字样式】对话框。

2. 创建单行文字

使用【单行文字】命令可创建一行或多行文字，通过按回车键来结束每一行。每行文字都是独立的对象，可以重新定位、调整格式或进行其他修改。创建单行文字时，要指定文字样式并设置对齐方式。文字样式设置文字对象的默认特征。对齐决定字符的哪一部分与插入点对齐。

在 AutoCAD 中，【文字】工具栏可以创建和编辑文字。对于单行文字来说，每一行都是一个文字对象，选择【绘图】→【文字】→【单行文字】命令(Dtext)，或在【文字】工具栏中单击【单行文字】按钮，可以创建单行文字对象。

使用以下任一种方法。

● 从【绘图】下拉菜单中，选择【文字】→【单行文字】命令。

● 在"命令："提示下，输入 Dtext，然后按回车键。

AutoCAD 提示如下。

当前文字样式：Standard　当前文字高度：2.5000

指定文字的起点或 [对正(J)/样式(S)]：

指定高度 <2.5000>：（此提示只有文字高度在当前文字样式中设置为 0 时才显示）

指定文字的旋转角度 <0>：（文字旋转角度是指文字行排列方向与水平线的夹角，默认角度为 0°。输入文字旋转角度，或按回车键使用默认角度 0°）

输入文字：在每一行结尾按回车键。

说明：

1) 指定文字的起点

默认情况下，通过鼠标指定单行文字行基线的起点位置创建文字。

2) 设置对正方式

创建文字时，可以使它们对齐，即根据图 2.25 所示的对齐选项之一对齐文字。左对齐是默认选项。

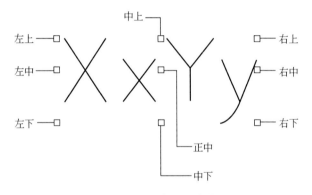

图 2.25　文字对正方式

在"指定文字的起点或 [对正(J)/样式(S)]："提示信息后输入 J，可以设置文字的排列方式。此时，命令行显示如下提示信息。

输入对正选项 [左(L)/对齐(A)/调整(F)/中心(C)/中间(M)/右(R)/左上(TL)/中上(TC)/右上(TR)/左中(ML)/正中(MC)/右中(MR)/左下(BL)/中下(BC)/右下(BR)] <左上(TL)>：

3) 设置当前文字样式

在"指定文字的起点或 [对正(J)/样式(S)]："提示下输入 S，可以设置当前使用的文字样式。选择该选项时，命令行显示如下提示信息。

输入样式名或 [?]<Mytext>：

可以直接输入文字样式的名称，也可输入"?"，在"AutoCAD 文本窗口"中显示当前图形已有的文字样式，如图 2.26 所示。

(1) 使用文字控制符。在实际设计绘图中，往往需要标注一些特殊的字符。例如，在文字上方或下方添加划线，标注度(°)、±、φ 等符号。这些特殊字符不能从键盘上直接输入，因此 AutoCAD 提供了相应的控制符，以实现这些标注要求。在"输入文字："提示下，输入控制符时，这些控制符也临时显示在屏幕上，当结束文本创建命令时，这些控制符将从屏幕上消失，转换成相应的特殊符号。在 AutoCAD 的控制符中，%%O 和 %%U 分别是上划

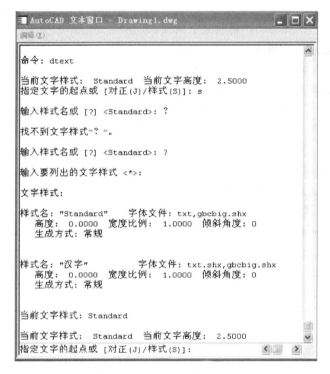

图 2.26 AutoCAD 文本窗口

线与下划线的开关；第 1 次出现此符号时可打开上划线或下划线；第 2 次出现该符号时则会关掉上划线或下划线。%%d 绘制度符号"°"；%%p 绘制正/负公差符号"±"；%%% 绘制百分号"%"。

（2）编辑单行文字。单行文字可进行单独编辑。编辑单行文字包括编辑文字的内容、对正方式及缩放比例，可以选择【修改】→【对象】→【文字】子菜单中的命令进行设置。各命令的功能如下。

【编辑】命令（Ddedit）：选择该命令，然后在绘图窗口中单击需要编辑的单行文字，进入文字编辑状态，可以重新输入文本内容。

【比例】命令（Scaletext）：选择该命令，然后在绘图窗口中单击需要编辑的单行文字，此时需要输入缩放的基点以及指定新高度、匹配对象（M）或缩放比例（S）。

【对正】命令（Justifytext）：选择该命令，然后在绘图窗口中单击需要编辑的单行文字，此时可以重新设置文字的对正方式。

3．创建多行文字

多行文字又称为段落文字，是一种更易于管理的文字对象，可以由两行以上的文字组成，而且各行文字都是作为一个整体来处理。

使用以下任一种方法。

● 从【绘图】下拉菜单中，选择【文字】→【多行文字】命令。

● 在"命令："提示下，输入 Mtext，然后按回车键。

● 在【绘图】工具栏中，单击【多行文字】按钮 A。

AutoCAD 提示如下。

当前文字样式:"Standard" 当前文字高度:2.5

指定第一角点:

指定对角点或［高度(H)/对正(J)/行距(L)/旋转(R)/样式(S)/宽度(W)］:

在绘图窗口中指定一个用来放置多行文字的矩形区域,将打开【文字格式】工具栏和文字输入窗口,如图 2.27 所示。利用它们可以设置多行文字的样式、字体及大小等属性。

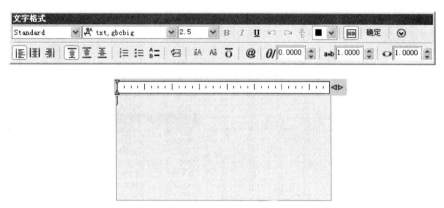

图 2.27 【文字格式】工具栏和文字输入窗口

1) 使用【文字格式】工具栏

使用【文字格式】工具栏,可以设置文字样式、文字字体、文字高度、加粗、倾斜或加下划线效果。

2) 使用选项菜单

在【文字格式】工具栏中单击【选项】按钮 ⊙,打开多行文字的选项菜单,如图 2.28 所示,可以对多行文本进行更多的设置。在文字输入窗口中单击鼠标右键,将弹出一个快捷菜单,该快捷菜单与选项菜单中的主要命令一一对应。

图 2.28 多行文字的选项菜单

3) 插入特殊符号

在文字中插入特殊符号，可在展开的菜单栏中选择【标识】命令，如图 2.29 所示。若选择需要的特殊符号，则选择【其他】命令显示【字符映射表】窗口，如图 2.30 所示。

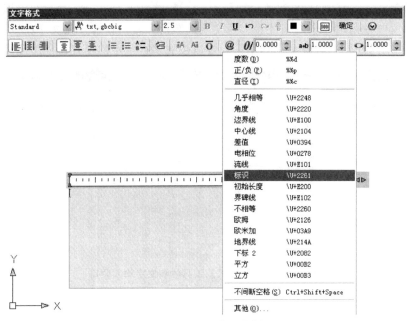

图 2.29　展开的工具栏

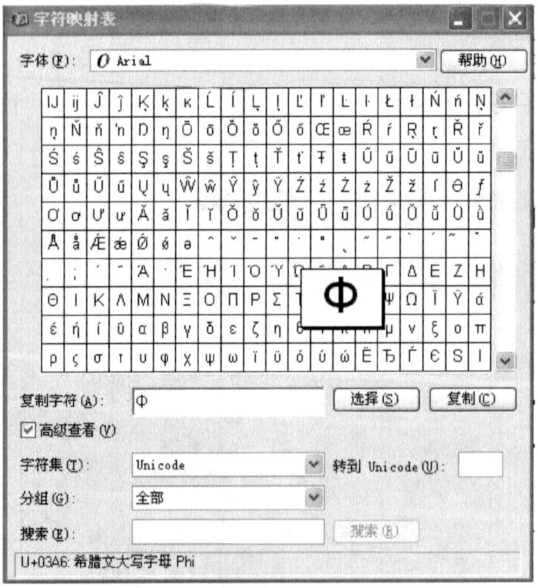

使用以下方法选择一种字符。

要插入单个字符，将选定字符拖动到编辑器中。

要插入多个字符，单击【选择】按钮，将所有字符都添加到【复制字符】框中。选择了所有所需的字符后，单击【复制】按钮，在编辑器中单击鼠标右键，选择【粘贴】命令。

单击工具栏上的【确定】按钮，保存修改并退出编辑器。

4) 输入文字

在多行文字的文字输入窗口中，可以直接输入多行文字，也可以在文字输入窗口中右击，从弹出的快捷菜单中选择【输入文字】命令，将已经在其他文字编辑器中创建的文字内容直接导入到当前图形中。

图 2.30　【字符映射表】窗口

要编辑创建的多行文字，可选择【修改】→【对象】→【文字】→【编辑】(Ddedit)命令，并单击创建的多行文字，打开多行文字编辑窗口，然后参照多行文字的设置方法，修改并编辑文字。也可在绘图窗口中双击输入的多行文字，或在输入的多行文字上右击，从弹出的快捷菜单中选择【重复编辑多行文字】命令或【编辑多行文字】命令,打开多行文字编辑窗口。

2.6 相关知识

图幅即图纸幅面的大小,图框即图纸的边框,用粗实线绘制。为了使图纸在使用和管理上的方便,所有设计图纸的幅面应符合表2-1中的规定。

表2-1 图纸幅面及图框尺寸(单位:mm)

尺寸代号 \ 图幅代号	A0	A1	A2	A3	A4
$B×L$	841×1189	594×841	420×594	297×420	210×297
c	10			5	
a	25				

图幅可选用横式和立式两种:横式图幅以短边作垂直边;立式图幅以短边作水平边。一般A0~A3的图纸宜用横式图幅,加长只能在长边加长,加长尺寸须按国标规定。同一工程的图纸不宜多于两种。

其中,B、L分别为图纸的短边和长边;a、c为图框线到图幅线之间的距离;图纸幅面一般采用横式。

本章小结

1. 图幅图框基本知识

图幅的大小规定了施工图的基本尺寸。施工图的图框则反映设计者及图纸标题等相关信息,而且还是责任人会签所在位置。

2. 图幅图框实例绘图

图幅图框是土木建筑施工图中最基本的组成部分,可绘制不同图幅的对应图框文件作为图块重复应用。

3. 图框绘制基本命令

需掌握绘制图框的多段线命令,偏移、修剪及延伸等常用编辑命令的参数、使用方法和技巧。

习 题

1. 土建图框和图幅的尺寸和规格有哪些规定?
2. 什么是坐标输入法,应用坐标输入法的关键是什么?
3. 试对比延伸和修剪命令在使用上的区别。
4. 试绘制一幅A4立式图幅,并保存为A4.dwg文件。

第3章
总平面布置图

教学目标

(1) 掌握总平面图的内容及表达要求。
(2) 掌握采用AutoCAD绘制总平面图的技巧。
(3) 掌握总平面图绘制的相关命令。

教学要求

知识要点	能力要求	相关知识
总平面图内容	掌握总平面图基本知识和布置要求	建筑制图知识 建筑制图标准
总平面图绘制	通过实例掌握总平面图的绘制技巧	AutoCAD绘图知识
基本绘图命令	掌握总平面图绘制的相关命令	AutoCAD命令

3.1 总平面图绘制基本知识

建筑总平面图是建筑施工图的一种,反映了建筑物的总体布局。在设计并绘制建筑总平面图之前,首先要了解总平面图的相关知识及设计思路。

3.1.1 总平面图的基本知识

将拟建筑物四周一定范围内的新建、拟建、原有和拆除的建筑物、构筑物连同其周围的地形地物状况,用水平投影方法和相应的图例所画出的图样,即为建筑总平面图(或称建筑总平面布置图),简称总平面图。总平面图主要反映建筑基地的形状、大小、地形、地貌,新建建筑的具体位置、朝向、平面形状和占地面积,新建建筑与原有建筑物、构筑物、道路、绿化等之间的关系。因此,总平面图是新建筑的施工定位、施工放线、土方施工及施工现场布置的重要依据,也是规划设计水、暖、电等专业工程总平面图和绘制管线综合图的依据。总平面图的图示内容主要包括以下内容。

1. 比例

由于总平面图所表达的范围较大,所以都采用较小的比例绘制。国家标准《房屋建筑制图统一标准》(GB/T 50001—2001)规定：总平面图应采用1∶500、1∶1000或者1∶2000的比例绘制。

2. 图例

由于总平面图采用较小的比例绘制，所以总平面图上的建筑、道路、桥梁、绿化等内容都是用图例表示的。《房屋建筑制图统一标准》中规定了总平面图中一些常用的图例。如果在总平面图中使用了"标准"中没有的图例，应在图纸的适当位置列出并加以说明。

3. 新建建筑的定位

新建建筑的具体位置，一般根据原有建筑或道路来定位，并以米为单位标注出定位尺寸。当新建成片的建(构)筑物或较大的公共建筑时，为了保证放线准确，也常采用坐标来确定每一建筑物及道路转折点的位置。在地形起伏较大的地区，还应画出地形等高线。

4. 新建建筑的朝向和风向

用指北针或带有指北针的风向频率玫瑰图(简称玫瑰图)来表示新建建筑的朝向及该地区常年风向频率。指北针应按"国标"规定绘制。指北针用细实线绘制，圆的直径为24mm，指北针尾部宽度为3mm，如图3.1所示。风玫瑰是在16个方位线上，用端点与中心的距离表示当地这一风向在一年中发生次数的多少。粗实线表示全年风向，虚线表示夏季风向，风向由各方位吹向中心，风向最长的为主导风向，如图3.2所示。

图 3.1 指北针

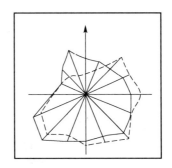

图 3.2 风向频率玫瑰图

5. 尺寸标注和名称标注

总平面图上应标注新建建筑的总长、总宽及与周围建筑、道路的间距尺寸；新建建筑室内地坪和室外平整地面的绝对标高尺寸及建(构)筑物的名称。总平面图上标注的尺寸及标高，一律以米为单位，标注精度到小数点后两位。

标高是用来表达建筑各部位(如室内外地面、窗台、楼层、屋面等)高度的标注方法，可以用标高符号加注尺寸数字表示。标高分为绝对标高和相对标高两种。我国把青岛附近的黄海平均海平面定为标高零点，其他各地的高程都以此为基准，得到的数值即为绝对标高；把建筑底层室内地面定为零点，建筑其他各部位的高程都以此为基准，得到的数值即为相对标高。建筑施工图中，除了总平面图外，都标注相对标高。

3.1.2　绘制方法与步骤

建筑总平面图是一水平投影图,绘制时按照一定的比例,在图纸上画出建筑的轮廓线及其他设施的水平投影的可见线,以表示建筑物和周围设施在一定范围内的总体布置情况。一般建筑总平面图的绘制步骤如下:①设置绘图环境;②绘制道路;③绘制各种建(构)筑物;④绘制建筑物局部和绿化的细节;⑤尺寸标注和文字说明;⑥加图框和标题;⑦打印输出。

3.2　总平面图绘制实例

3.2.1　学习目标

结合建筑设计规范和建筑制图要求,了解建筑总平面图设计的一般要求,学习建筑总平面图的设计和绘制过程,并掌握绘制建筑总平面图的方法与技巧。

3.2.2　实例分析

从图3.3所示的总平面图中可以看到,该图采用1∶500的比例绘制。新建建筑为某小区内5幢相同的14层住宅,平面形状基本为矩形,主要出入口在北面。住宅楼的北面

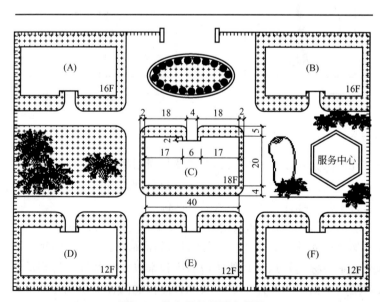

图3.3　某小区总平面布置图

为道路，其余 3 面均有围墙，该住宅楼正是通过这几条道路和围墙来定位的。该地区地势平坦，因此不用绘制等高线，住宅楼室外地坪标高为 100.2m，室内地坪标高为 100.5m，均为绝对标高，室内外高差 0.30m。此外，从图中还可了解到建筑周围环境的情况。该住宅小区地处城市次干道的南侧，周围有围墙，在小区内有花坛、草地，池塘等绿化地带，还有一个服务中心。整个设计过程包括设置绘图环境、输入基本地形图、绘制小区内建筑物和绿化带、尺寸标注和文字说明。

3.2.3 操作过程

步骤一：设置绘图环境

1. 新建一个绘图文件
2. 设置绘图单位

选择【格式】→【单位】命令，弹出【图形单位】对话框，在【长度】选项组的【类型】下拉列表框中选择【小数】选项，在【精度】下拉列表框中选择 0.00，如图 3.4 所示。

3. 设置图形界限

选择【格式】→【图形界限】命令，输入图形界限的左下角及右上角位置，系统提示如下。

命令：Limits

重新设置模型空间界限：指定左下角点或［开(ON)/关(OFF)］＜0.00，0.00＞：0，0

图 3.4 图形单位设置

指定右上角点 ＜420.00，297.00＞：420，297

这样，所设置的绘图面积为 420×297，相当于 A3 图纸的大小。

4. 设置线型

选择【格式】→【线型】命令，弹出【线型管理器】对话框，如图 3.5 所示。

单击【加载】按钮，弹出【加载或重载线型】对话框，如图 3.6 所示，从中选择绘制本图需要用到的线型，如虚线、中心线等。

图 3.5 线型设置

图 3.6 加载或重载线型

5. 设置图层

选择【格式】→【图层】命令，或者单击工具栏上的【图层】按钮，弹出【图层特性管理器】对话框，如图 3.7 所示。在该对话框中单击【新建图层】按钮，然后在列表区的动态文本框中输入"道路"，按回车键，完成【道路】图层的设置。用同样的方法可依次创建【新建建筑物】、【围墙】、【池塘】、【绿化】、【尺寸标注】、【文字说明】、【图框和标题】等图层。设置完成的【图层特性管理器】对话框如图 3.7 所示，整个绘图环境的设置基本完成。这些设置虽然比较麻烦，但是对于绘制一幅高质量的工程图纸而言是非常重要的，因此不可轻视。下面开始绘制该小区总平面图了。

图 3.7　小区总平面图图层设置

步骤二：输入基本图形

由于总平面图的比例为 1：500，因此绘图时输入的长度应为实际尺寸的 1/500，因此纵向人行道间距为 62m 而实际输入偏移距离为 124mm。

1. 绘制道路

图中需要绘制小区外的城市次干道和小区内的人行道，通过平行线来表示。

（1）选择"道路"图层为当前层，使用【直线】命令和【偏移】命令绘制道路中心线作为辅助线。

命令：Line

指定第一点：（在图中适当位置单击）

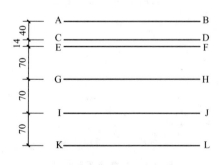

图 3.8　绘制小区水平道路线

指定下一点或［放弃(U)］：＜正交 开＞300（绘制长 150m 城市次干道轴线，150000/500＝300mm）

指定下一点或［放弃(U)］：＜Enter＞（生成线段 AB，如图 3.8 所示）

① 用偏移命令生成小区道路中心线和部分小区轮廓线。

命令：Offset

当前设置：删除源＝否　图层＝源　OFFSET-

GAPTYPE=0

指定偏移距离或［通过(T)/删除(E)/图层(L)］＜通过＞：40（输入偏移距离）

选择要偏移的对象，或［退出(E)/放弃(U)］＜退出＞：（选择 AB 线段）

指定要偏移的那一侧上的点，或［退出(E)/多个(M)/放弃(U)］＜退出＞：（在 AB 线段的下方拾取一点。）

选择要偏移的对象，或［退出(E)/放弃(U)］＜退出＞：＜Enter＞

② 用相同的方法生成其余线段，如图 3.8 所示。

命令：Offset

当前设置：删除源＝否　图层＝源　OFFSETGAPTYPE＝0

指定偏移距离或［通过(T)/删除(E)/图层(L)］＜40＞：14

选择要偏移的对象，或［退出(E)/放弃(U)］＜退出＞：

指定要偏移的那一侧上的点，或［退出(E)/多个(M)/放弃(U)］＜退出＞：

选择要偏移的对象，或［退出(E)/放弃(U)］＜退出＞：＜Enter＞

命令：Offset

当前设置：删除源＝否　图层＝源　OFFSETGAPTYPE＝0

指定偏移距离或［通过(T)/删除(E)/图层(L)］＜14＞：70

选择要偏移的对象，或［退出(E)/放弃(U)］＜退出＞：

指定要偏移的那一侧上的点，或［退出(E)/多个(M)/放弃(U)］＜退出＞：

选择要偏移的对象，或［退出(E)/放弃(U)］＜退出＞：

指定要偏移的那一侧上的点，或［退出(E)/多个(M)/放弃(U)］＜退出＞：

选择要偏移的对象，或［退出(E)/放弃(U)］＜退出＞：

③ 用【直线】命令并打开捕捉开关，连接 EK 线段，平移该线段，结果如图 3.9 所示。

用【偏移】命令形成其余线段。

命令：Offset

当前设置：删除源＝否　图层＝源　OFFSETGAP-TYPE＝0

指定偏移距离或［通过(T)/删除(E)/图层(L)］＜300＞：100

选择要偏移的对象，或［退出(E)/放弃(U)］＜退出＞：

指定要偏移的那一侧上的点，或［退出(E)/多个(M)/放弃(U)］＜退出＞：

选择要偏移的对象，或［退出(E)/放弃(U)］＜退出＞：

指定要偏移的那一侧上的点，或［退出(E)/多个(M)/放弃(U)］＜退出＞：

选择要偏移的对象，或［退出(E)/放弃(U)］＜退出＞：

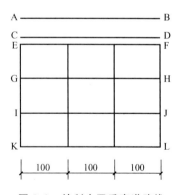

图 3.9　绘制小区垂直道路线

(2) 由于道路宽 6m，因此绘图时将道路中心线分别向左右平移 6mm，生成道路轮廓线,如图3.10所示。

(3)将图3.10中道路中心线删去后用【修剪】命令将道路相交处多余线段修剪,如图3.11所示。

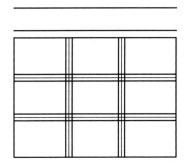

图3.10 生成道路轮廓线

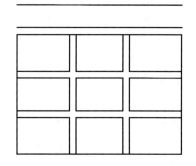

图3.11 修剪道路相交处多余线段

(4)用【圆角】命令修改道路拐角,如图3.12所示。

步骤三:绘制建筑物

(1)绘制一个建筑物。

总平面图中建筑物的绘制比较简单,主要通过【矩形】、【直线】、【偏移】、【镜像】等基本的绘图及修改命令来完成。

绘制好的图形如图3.13所示,图3.13(a)图是建筑物的实际尺寸,以米为单位,由于总平面图的比例为1∶500,因此,在绘图时的尺寸为:实际尺寸×1000/500=实际尺寸×2(mm),如图3.13(b)所示。

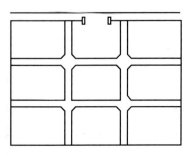

图3.12 用【圆角】命令修改道路拐角

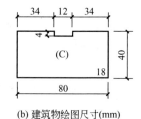

(a)建筑物实际尺寸(m)　　(b)建筑物绘图尺寸(mm)

图3.13 建筑物尺寸

具体步骤如下。(由于图中直线均为水平和垂直线段,因此打开正交开关可方便绘图。)

命令:Line 指定第一点:<正交 开>(在图中适当位置拾取一点)

指定下一点或[放弃(U)]:40(将鼠标向下移动后,输入数字40)

指定下一点或[放弃(U)]:80(将鼠标向右移动后,输入数字80)

指定下一点或[闭合(C)/放弃(U)]:40(将鼠标向上移动后,输入数字40)

指定下一点或[闭合(C)/放弃(U)]:34(将鼠标向左移动后,输入数字34)

指定下一点或[闭合(C)/放弃(U)]:4(将鼠标向下移动后,输入数字4)

指定下一点或[闭合(C)/放弃(U)]:12(将鼠标向左移动后,输入数字12)

指定下一点或 [闭合(C)/放弃(U)]：4（将鼠标向上移动后，输入数字 4）
指定下一点或 [闭合(C)/放弃(U)]：34（将鼠标向左移动后，输入数字 34）
指定下一点或 [闭合(C)/放弃(U)]：<Esc>

（2）通过【镜像】、【复制】命令绘制其余建筑物，并插入总平面图中相应位置，如图 3.14 所示，删除多余线段。

步骤四：绘制建筑物周围环境

1. 绘制草坪

命令：Bhatch

弹出【图案填充和渐变色】对话框，如图 3.15 所示。

单击【添加：拾取点】按钮 ，回到绘图区，在需要填充草地的位置单击鼠标左键。

拾取内部点或 [选择对象(S)/删除边界(B)]：

正在选择所有对象...

正在选择所有可见对象...

正在分析所选数据...

正在分析内部孤岛...

拾取内部点或 [选择对象(S)/删除边界(B)]：<Enter>，回到【图案填充和渐变色】对话框，单击【确定】按钮，图案填充完毕，如图 3.16 所示。

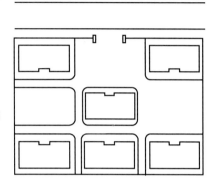

图 3.14　绘制其余建筑物

图 3.15　【图案填充和渐变色】对话框设置

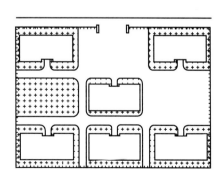

图 3.16　填充草坪

注意：由于填充图案的大小比例不一定合适，所以最好预览一下填充效果，看看是否合适，如果不合适，可改变【比例】文本框中的数值，直到自己满意为止。

2. 绘制花坛

(1) 用【椭圆】命令绘制花坛内轮廓。

命令：Ellipse

指定椭圆的轴端点或［圆弧(A)/中心点(C)］：

指定轴的另一个端点：30

指定另一条半轴长度或［旋转(R)］：30

(2) 用【偏移】命令绘制花坛外轮廓。

命令：Offset

当前设置：删除源＝否　图层＝源　OFFSETGAPTYPE＝0

指定偏移距离或［通过(T)/删除(E)/图层(L)］＜通过＞：1.5

选择要偏移的对象，或［退出(E)/放弃(U)］＜退出＞：

指定要偏移的那一侧上的点，或［退出(E)/多个(M)/放弃(U)］＜退出＞：

选择要偏移的对象，或［退出(E)/放弃(U)］＜退出＞：

(3) 用【填充】命令绘制花坛内部草坪。

(4) 利用CAD中现有的图块绘制花坛内部的花木，如图3.17所示。

使用以下任一种方法插入块。

- 在【绘图】工具栏中，单击 按钮。
- 在【插入】下拉菜单中，选择【块】命令。
- 在"命令："提示下，输入Insert，并按回车键。

AutoCAD将显示【插入】对话框，如图3.18所示。

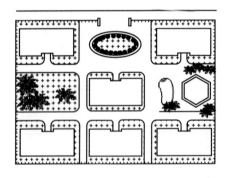

图 3.17　插入树木等

图 3.18　【插入】对话框

总平面图中还有池塘、树木等图形元素，在绘制时，一些图案可以从AutoCAD 2008的图库中得到。

选择【插入】→【块】命令，在弹出的【插入】对话框上单击【浏览】按钮，打开AutoCAD 2008目录下的Sample文件夹里的Design Center，寻找到Landscaping文件，单击【打开】按钮，就会看到一些常用的图案，如图3.19所示。

指定插入点或［基点(B)/比例(S)/旋转(R)］：(在图形区空白处选择一点作为插入点)

图 3.19 选择图形文件

指定比例因子 <1>：0.002(由于是 1∶500 绘图，因此比例因子为 1/500＝0.002)

插入的图形如图 3.20 所示为一个整块，因为只需要其中的部分图形，所以首先将图形分解，然后选择需要的树木插入椭圆花坛中，如图 3.21 所示。

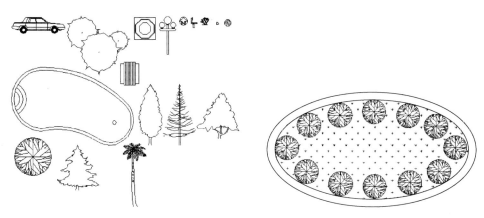

图 3.20　CAD 设计中心图块　　　　　　图 3.21　花坛

3. 绘制服务中心

命令：Polygon 输入边的数目 <6>：

指定正多边形的中心点或 [边(E)]：

输入选项 [内接于圆(I)/外切于圆(C)] <I>：I

指定圆的半径：20

用偏移命令绘制内框：

命令：Offset

当前设置：删除源＝否　图层＝源　OFFSETGAPTYPE＝0

指定偏移距离或 [通过(T)/删除(E)/图层(L)] <2>：

选择要偏移的对象，或 [退出(E)/放弃(U)] <退出>：

指定要偏移的那一侧上的点，或 [退出(E)/多个(M)/放弃(U)] <退出>：(在六边形内侧单击鼠标左键)

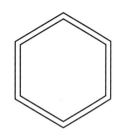

图 3.22 绘制服务中心轮廓

选择要偏移的对象，或［退出(E)/放弃(U)］＜退出＞：＜Enter＞

绘制好的服务中心如图 3.22 所示。

4. 插入水塘和树木

将已经绘制好的花坛作为服务中心插入总平面图中相应位置，选择 Landscaping 图块中的池塘和树木插入图中相应位置，如图 3.23 所示。

图 3.23 插入花坛和服务中心

步骤五：尺寸标注和文字说明

在需要的位置进行尺寸和文字标注，标注完后如图 3.24 所示。

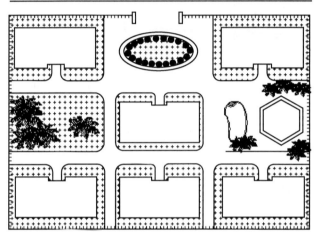

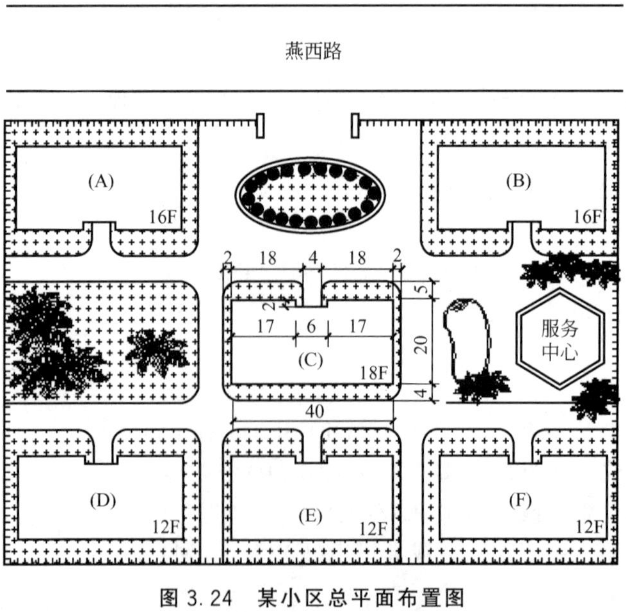

图 3.24 某小区总平面布置图

3.2.4 实例总结

（1）总平面图一般采用较小的比例尺，因此在绘图时要注意建筑物实际尺寸和绘图尺寸的换算。

（2）AutoCAD 2008 设计中心有许多现有的图块，在绘图时可根据需要，选用其中的图形，如果需要可将图块适当地放大或缩小。

3.2.5 命令详解

1. 圆角（Fillet）命令

圆角命令使用一个指定半径的圆弧与两个对象相切。可以将成对的直线、多段线的直线段、圆、圆弧、射线或构造线进行圆角，也可以将相平行的直线、构造线和射线进行圆角。Fillet 命令更擅长处理多段线，它不仅可以处理一条多段线的两个相交片段，还可以处理整条多段线。

要调用 Fillet 命令，可以使用以下任一种方法。
- 在【修改】工具栏中，单击【圆角】按钮。
- 从【修改】下拉菜单中，选择【圆角】命令。
- 在"命令："提示下，输入 Fillet（或 F），然后按回车键调用该命令后，AutoCAD 显示当前圆角的模式和圆角半径，如下所示。

当前设置：模式＝不修剪，半径＝10.0000
选择第一个对象或 ［多段线(P)/半径(R)/修剪(T)］：
各选项含义为：
- 多段线：给整个二维多段线圆角，AutoCAD 提示选择二维多段线。
- 半径：设置圆角半径。AutoCAD 提示指定圆角半径，指定后，需要重新调用 Fillet 命令，进行圆角操作。
- 修剪：在"修剪"和"不修剪"模式间进行切换。

提示：如果当前的圆角半径不为 0，则在两条直线段相连的每个顶点处插入圆弧段；如果多段线的两条直线段被一段圆弧分隔，并且两条直线段在接近圆弧段的方向上有"延伸交点"，则 AutoCAD 删除圆弧段并用一段圆弧替代它。
如果圆角半径为 0，则不能插入圆角弧，任何已添加的圆角弧将被删除，并延伸直线直到它们相交。

要对两个对象圆角，如图 3.25 所示。

命令：Fillet
当前设置：模式＝修剪，半径＝0.0000
选择第一个对象或 ［放弃(U)/多段线(P)/半径(R)/修剪(T)/多个(M)］：R
指定圆角半径 ＜0.0000＞：50（输入圆角半径）
选择第一个对象或 ［放弃(U)/多段线(P)/半径(R)/

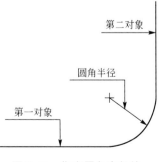

图 3.25 指定圆角半径给两个对象圆角

修剪(T)/多个(M)]:(选择第一个对象)

选择第二个对象,或按住 Shift 键选择要应用角点的对象:(选择第二个对象)

2. 多边形(Polygon)命令

多边形是由最少 3 条至多 1024 条长度相等的边组成的封闭多段线。绘制多边形的默认方式是指定多边形的中心及从中心点到每个顶点的距离,以便整个多边形位于一个虚构的圆中。(即为内接多边形。)另外,可以绘制一个多边形,其每条边的中点在一个虚构的圆中(即为外切多边形),或是用指定多边形一条边的起点和端点(即长度)的方法绘制多边形。

1) 绘制内接多边形

一个内接多边形是由多边形的中心到多边形的顶点间的距离相等的边组成的。因此整个多边形包含在或内接于一个指定半径的圆中。指定多边形的边数、多边形中心点以及半径或一个顶点的位置,都可以确定多边形的尺寸以及定位多边形。

要绘制一个内接多边形,如图 3.26 所示,可按下列具体步骤进行。

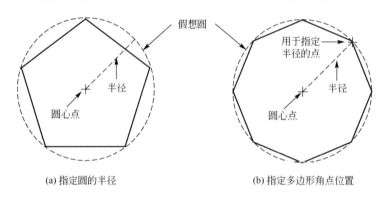

(a) 指定圆的半径　　　　　　　(b) 指定多边形角点位置

图 3.26　内接多边形

(1) 使用下列任一种方法运行【多边形】命令。
- 在【绘图】工具栏中,单击【多边形】按钮。
- 从【绘图】下拉菜单中,选择【多边形】命令。
- 在"命令:"提示下,输入 Polygon(或 POL),并按回车键。

AutoCAD 提示如下:

输入边的数目 <4>:

(2) 通过输入一个从 3 到 1024 的数值,确定多边形的边数,并按回车键。AutoCAD 提示如下。

指定多边形的中心点或 [边(E)]:

(3) 指定多边形的中心。

AutoCAD 提示如下。

输入选项 [内接于圆(I)/外切于圆(C)] <C>:

(4) 输入 I 并按回车键,或单击右键从快捷菜单中选择【内接于圆】命令。此时,一个橡皮筋多边形出现,一直线从多边形中心点延伸到光标所在位置作为多边形的顶点。移动光标将使多边形随之改变。

AutoCAD 提示如下。

指定圆的半径：

(5) 既可以通过输入数值，也可以通过在图形中指定一个点(半径值即为多边形中心点到该指定角点间的距离)确定圆的半径。一旦指定了圆的半径，AutoCAD 将绘制一个多边形并结束命令。

2) 绘制外切多边形

一个外切多边形，它的中心到其边的中点的距离相等。因此，整个多边形外切于一个指定半径的圆。指定多边形的边数、多边形中心以及半径或一条边中点的位置，都可以确定多边形的尺寸以及定位多边形。

要绘制一个外切多边形，如图 3.27 所示，其具体步骤如下。

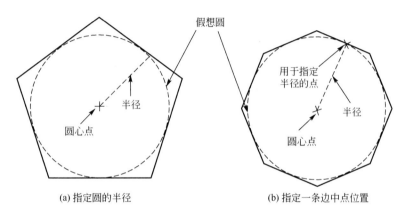

(a) 指定圆的半径　　　　(b) 指定一条边中点位置

图 3.27　外切多边形

(1) 使用下列任一种方法。
- 在【绘图】工具栏中，单击【多边形】按钮。
- 从【绘图】下拉菜单中，选择【多边形】命令。
- 在"命令："提示下，输入 Polygon(或 POL)，并按回车键。

AutoCAD 提示如下。

输入边的数目 <4>：

(2) 通过输入一个从 3 到 1024 的数值，确定多边形的边数，并按回车键。

AutoCAD 提示如下。

指定多边形的中心点或 [边(E)]：

(3) 指定多边形的中心。

AutoCAD 提示如下。

输入选项 [内接于圆(I)/外切于圆(C)] <I>：

(4) 输入 C 并按回车键，或单击右键从快捷菜单中选择【外切于圆】命令。此时，一个橡皮筋多边形出现，一直线从多边形中心点延伸到光标所在位置作为多边形一边的中点。移动光标将使多边形随之改变。

AutoCAD 提示如下。

指定圆的半径：

(5) 既可以通过输入数值，也可以通过在图形中指定一个点(半径值即为多边形中心点到多边形一条边的中点的距离)确定圆的半径。一旦指定了圆的半径,AutoCAD 将绘制一个多边形并结束命令。

3. 椭圆(Ellipse)命令

在几何学中,一个椭圆是由两个轴定义的。绘制椭圆的默认方式是指定椭圆中一个轴的端点,然后指定一个距离代表第二个轴长度的一半。椭圆轴的端点决定了椭圆的方向。椭圆中较长的轴称之为长轴,较短的轴称之为短轴。定义椭圆轴时,其次序并不重要。AutoCAD 根据它们的相对长度确定椭圆的长轴和短轴。

1) 绘制椭圆

可以使用下列模式绘制椭圆。

● 指定椭圆的中心和两个椭圆轴。

● 指定一个椭圆轴的端点,然后既可以指定另一个椭圆轴,也可以通过旋转第一个椭圆轴定义椭圆。

所有这些选项,都可以创建椭圆。还可以调用 Ellipse 命令创建椭圆弧。

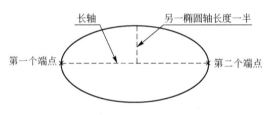

图 3.28 指定椭圆轴的端点

通过指定椭圆轴的端点绘制一个椭圆,如图 3.28 所示。其具体步骤如下。

(1) 使用以下任一种方法运行【椭圆】命令。

● 在【绘图】工具栏中,单击【椭圆】按钮。

● 从【绘图】下拉菜单中,选择【椭圆】→【轴、端点】命令。

● 在"命令:"提示下,输入 Ellipse(或 EL),并按回车键。

AutoCAD 提示如下。

指定椭圆的轴端点或 [圆弧(A)/中心点(C)]:

(2) 指定椭圆轴的第一个端点。此时,橡皮筋线将从端点处延伸到光标所在的位置处。

AutoCAD 提示如下。

指定轴的另一个端点:

(3) 指定椭圆轴的另一个端点。此时,橡皮筋线将从刚定义的椭圆轴的中点处延伸。随着光标的移动可以观察椭圆的变化。

AutoCAD 提示如下。

指定另一条半轴长度或 [旋转(R)]:

(4) 通过在图形中指定一点,或输入一个长度并按回车键来确定另一条椭圆轴长度的一半。

一旦指定了该长度,AutoCAD 将绘制一个椭圆并结束命令。

2) 绘制椭圆弧

椭圆弧是椭圆的一部分。可以使用 Ellipse 命令中的【圆弧】选项创建椭圆弧。绘制椭圆弧的默认方式是:指定一个椭圆轴的端点,并指定一个距离作为第二个椭圆轴长度的一半。然后,指定圆弧起点和端点的角度,该角度从椭圆的中心进行测量并与长轴的方向相关。还可以指定起始角度和一个包含角。如果起始角度与端点角度相同，AutoCAD 将会创建一个完整的椭圆。

通过指定椭圆弧轴上的端点绘制椭圆弧的具体步骤如下，如图 3.29 所示。

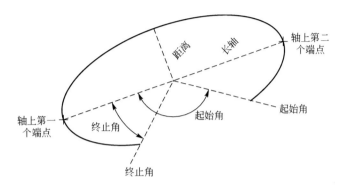

图 3.29 通过指定椭圆弧的端点以及起始、终止角度绘制的椭圆弧

（1）使用以下任一种方法运行【椭圆】命令。
- 在【绘图】工具栏中，单击【椭圆】按钮。
- 从【绘图】下拉菜单中，选择【椭圆】→【椭圆弧】命令。
- 在"命令:"提示下，输入 Ellipse(或 EL)，并按回车键。

AutoCAD 提示如下。

指定椭圆的轴端点或 ［圆弧(A)/中心点(C)］：A

（2）输入 A，并按回车键，或单击右键从快捷菜单中选择【圆弧】命令。

AutoCAD 提示如下。

指定椭圆弧的轴端点或 ［中心点(C)］：

（3）指定第一个端点。

AutoCAD 提示如下。

指定轴的另一个端点：

（4）指定第二个端点。

AutoCAD 提示如下。

指定另一条半轴长度或 ［旋转(R)］：

（5）指定另一条椭圆弧轴长度的一半。注意，此时 AutoCAD 显示的是一个完整的椭圆。此时还可以看到一条橡皮筋线从椭圆的中心处延伸到光标所在的位置处。起始角度是沿着椭圆长轴角度的逆时针方向测量的。

AutoCAD 提示如下。

指定起始角度或 ［参数(P)］：

（6）通过指定一个角度或是选择一个点可以指定椭圆弧的起始角度。注意，此时橡皮筋线将从椭圆的中心处延伸到光标所在的位置。此时，可以看到一个从起始角度的定义点处延伸到橡皮筋处的椭圆弧。

AutoCAD 提示如下。

指定终止角度或 ［参数(P)/包含角度(I)］：

（7）指定终止角度。AutoCAD 再次沿着椭圆长轴角度的逆时针方向测量该角度。一且指定了终止角度,AutoCAD将会绘制一个椭圆弧并结束命令。

3.2.6 相关知识

建筑设计不是简单地用 AutoCAD 绘图,而是通过 AutoCAD 将设计意图表达出来。因此,任何一幅建筑施工图的设计和绘制都有一定的要求和依据,从而也就有一定的思路和方法。

每幢建筑物总是处于一个特定的环境之中,因此,建筑单体的设计,要充分考虑和周围环境的关系,例如原有建筑物状况、道路走向、基地面积大小及绿化等和新建建筑物的关系;新设计的单体建筑,应使所在基地形成协调的室外空间组合和良好的室外环境。

1. 基地的大小和形状

建筑平面组合的方式与基地的大小和形状有着密切的关系。一般情况下,当场地规模平坦时,对于规模小、功能单一的建筑,常采用简单规整的矩形平面,对于建筑功能复杂、规模较大的公共建筑,可根据功能要求,结合基地情况,采取"L"形、"I"形、"口"形等组合形式;当场地平面不规则或较狭窄时,则要根据使用性质,结合实际情况,充分考虑基地环境,采取不规则的平面布置方式。

2. 基地的地形地貌

当建筑物处于平坦地形时,平面组合的灵活性较大,可以有多种布局方式。但在地势起伏较大、地形复杂的情况下,平面组合将受到多方面因素的制约。但是如能充分结合环境、利用地形,也将会设计出层次分明、空间丰富的组合方式,赋予建筑物以鲜明的特色。例如在坡地上进行平面设计应掌握的原则是依山就势,充分利用地势的变化,妥善解决好朝向、道路、排水以及景观要求。

3. 建筑物朝向

影响建筑物朝向的因素主要有日照和风向。根据我国所处的地理位置,建筑物南向或南偏东、偏西少许角度能获得良好的日照。正确的朝向,可改变室内气候条件,创造舒适的室内环境。例如在住宅设计中合理地利用夏季主导风向,是解决夏季通风降温的有效手段。

本 章 小 结

1. 总平面图基本知识

总平面图反映建筑物所在建设场地的情况以及风向、道路等。总平面图的内容及表达要求应依据相关制图标准,结合拟建建筑物特征及场地条件确定。

2. 总平面图实例绘图

总平面图中需要的部分图例可采用插入系统图块的方式,也可自制图例保存为图块后重复使用。

3. 总平面图绘制基本命令

掌握绘制总平面图的圆角及椭圆命令、多边形命令等常用绘图命令的参数、使用方法和技巧。

习 题

1. 什么是建筑总平面布置图，建筑总平面布置图包含哪些内容？
2. 如何使用 CAD 设计中心的现有图块快速绘图？
3. 建筑总平面布置图的绘图环境应该如何设置？
4. 绘制下图所示的建筑总平面布置图，并保存为 JZ.dwg 文件。

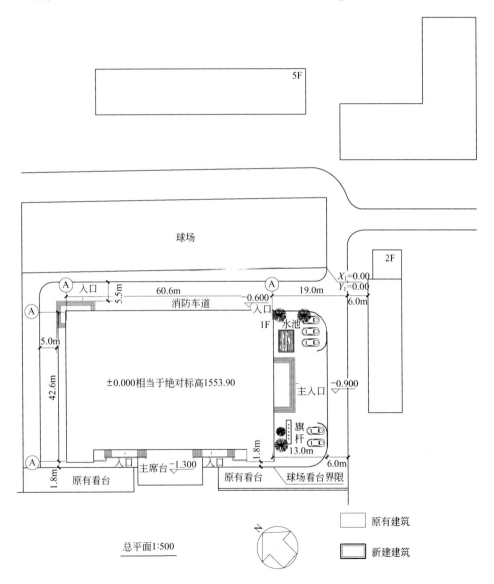

第4章
建筑平面图

教学目标

（1）掌握建筑平面图绘制基本知识。
（2）掌握建筑平面图中各主要组成部分的绘制技巧。

教学要求

知识要点	能力要求	相关知识
建筑平面图基本知识	掌握建筑平面图基本知识和内容	建筑制图知识 建筑制图标准
建筑轴线、强柱、门窗、楼梯的绘制	通过实例掌握建筑平面图中主要组成部分的绘制技巧	AutoCAD绘图知识
基本绘图命令	掌握建筑平面图绘制中的相关命令	AutoCAD命令

4.1 建筑平面图绘制基本知识

建筑平面图，假想用一个水平剖切平面沿房屋的门窗洞口的位置把房屋切开，移去上部之后，画出的水平剖面图，称为建筑平面图。沿底层门窗洞口切开后得到的平面图，称为底层平面图，沿二层门窗洞口切开后得到的平面图，称为二层平面图，并依此类推，当某些楼层平面相同时，可以只画出其中一个平面图，称其为标准层平面图。图4.1所示为一普通住宅楼的标准层平面布置图。建筑平面图主要反映房屋的平面形状、大小和房间的相互关系、内部布置、墙的位置、厚度和材料、门窗的位置以及其他建筑构配件的位置和大小，等等。建筑平面图是施工放线、砌墙、安装门窗、室内装修和编制预算的重要依据。根据《房屋建筑制图统一标准》的规定，建筑平面图通常采用1∶50、1∶100、1∶200的比例，实际工程中常用1∶100的比例。由于比例较小，所以门窗及细部构配件等均应按规定图例绘制。建筑施工图的顺序一般是按平面图→立面图→剖面图→详图的顺序绘制。

绘制建筑平面图的步骤如下。

（1）绘制定位轴线（画得略长一些），然后画出墙、柱轮廓线。
（2）确定门窗洞口位置，画细部，如楼梯、台阶、卫生间、散水、花池等。
（3）标注轴线编号、标高尺寸、内外部尺寸、门窗编号、索引符号以及书写其他文字

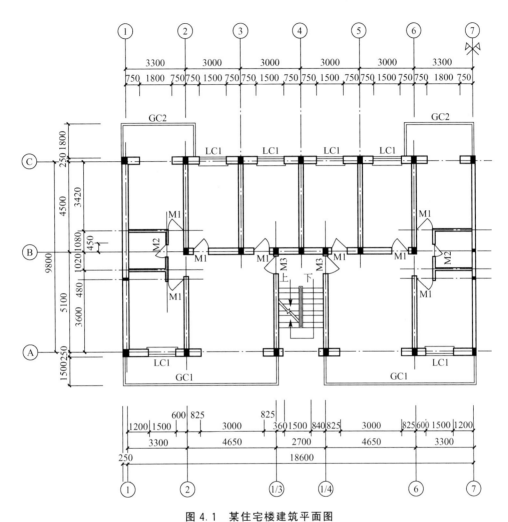

图 4.1 某住宅楼建筑平面图

说明。在底层平面图中,还应画剖切符号以及在图外适当位置画上指北针图例,以标明方位。

最后,在平面图下方写出图名及比例尺等。

1. 图线

建筑平面图中的图线应粗细有别、层次分明。被剖切到的墙、柱等截面轮廓线用粗实线(b)绘制,门扇的开启示意线用中实线(0.5b),其余可见轮廓线用细实线(0.35b),尺寸线、标高符合、定为轴线的圆圈、轴线等用细实线和细点划线绘制。其中,b 的大小应根据图样的复杂程度和比例,按《房屋建筑制图统一标准》(GB/T 50001—2001)中的规定选取适当的线宽组。当绘制较简单的图样时,可采用两种线宽的线宽组,其线宽比宜为 b/0.25b。

所有线型的图线宽度(b)应按图样的类型和尺寸大小在下列线宽系列中选择:

0.18mm;0.25mm;0.35mm;0.5mm;0.7mm;1.0mm;1.4mm;2.0mm。

该线宽系列的公比为 $1:\sqrt{2}$。粗线、中粗线和细线的宽度比为 4:2:1。在同一图样中，同类图线的宽度应一致。

房屋建筑 CAD 工程图样中图线名称与图线结构见表 4-1。

表 4-1 图线名称与图线结构

图线名称	图线的结构
实线	
折断线	
虚线	
点划线	
双点划线	
波浪线	

图样中汉字、字符和数字应做到排列整齐、清楚正确，尺寸大小协调一致。汉字、字符和数字并列书写时，汉字字高略高于字符和数字字高。

汉字宜采用国家标准规定的矢量汉字，其标准及文件见表 4-2。

表 4-2 矢 量 汉 字

汉字	国家标准	形文件名
长仿宋体	GB/T 13362.4～13362.5—1992	HZCF.*
单线宋体	GB/T 13844—1993	HZDX.*
宋体	GB/T 13845—1993	HZSTF.*
仿宋体	GB/T 13846—1993	HZFS.*
楷体	GB/T 13847—1993	HZKT.*
黑体	GB/T 13848—1993	HZHT.*

汉字的高度应不小于 2.5mm，字母与数字的高度应不小于 1.8mm。

图及说明中的汉字应采用长仿宋体。大标题、图册封面、目录、图名、标题栏中设计单位名称、工程名称、地形图等的汉字，可选用表 4-2 中的字体。

汉字的最小行距不小于 2mm，字符与数字的最小行距应不小于 1mm。当汉字与字符、数字混合使用时，最小行距等应根据汉字的规定使用。

2. 图例

由于平面图一般采用 1∶50、1∶100、1∶200 的比例绘制，各层平面图中的楼梯、门窗、卫生设备等都不能按照实际形状画出，均采用"国标"规定的图例来表示，而相应的具体构造由较大比例尺的详图表达。门窗除用图例表示外，还应进行编号以区别不同规格、尺寸。用 M、C 分别表示门、窗的代号，后面的数字为门窗的编号，如 M1、M2…，C1、C2…。同一编号的门窗，其尺寸、形式、材料等都一样。

尺寸和标高：平面图上标注的尺寸有外部尺寸和内部尺寸两种，所注尺寸以 mm 为单位，标高以 m 为单位。

（1）外部尺寸外部应标注三道尺寸，最外面一道是总尺寸，标注房屋的总长、总宽。中间一道是轴线尺寸，标注房间的开间和进深尺寸，是承重构件的定位尺寸。最里面一道是细部尺寸，标注外墙门窗洞、窗间墙尺寸，这道尺寸应从轴线注起。如果房屋平面图是对称的，宜在图形的左侧和下方标注外部尺寸，如果平面图不对称，则需在各个方向标注尺寸，或在不对称的部分标注外部尺寸。

（2）内部尺寸应标注房屋内墙门窗洞、墙厚及轴线的关系、柱子截面、门垛等细部尺寸，房间长、宽方向的净空尺寸。底层平面图中还应标注室外台阶、散水等尺寸。

（3）标高：平面图上应标注各层楼地面、门窗洞底、楼梯休息平台面、台阶顶面、阳台顶面和室外地坪的相对标高，以表示各部位对于标高零点的相对高度。

3．其他标注

在底层平面图上应画出指北针符号，以表示房屋的朝向。底层平面图上还应画出建筑剖面图的剖切符号及剖面图的编号，以便与剖面图对照查阅。此外，屋顶平面图附近常配以檐口、女儿墙泛水、雨水管等构造详图，以配合平面图识读。凡需绘制详图的部位，均应画上详图索引符号，注明要画详图的位置、详图的编号及详图所在图纸的编号。详图符号的圆圈应画成直径14mm的粗实线圆。索引符号的圆和水平直径均以细实线绘制，圆的直径一般为10mm。

一般建筑平面图的绘制步骤如下：①设置绘图环境；②绘制定位轴线及柱网；③绘制各种建筑构配件(如墙体线、门窗洞等)的形状和大小；④绘制各个建筑细部；⑤绘制尺寸界线、标高数字、索引符号和相关说明文字；⑥尺寸标注及文字标注；⑦加图框和标题，并打印输出。

由于建筑平面图包含的内容较多，因此在绘图前要将绘制内容进行简单的整理和分类。在图 4.1 中，我们可简单地将图面内容归为轴线、墙柱、门窗、尺寸标注及一般文字共 5 个部分，下面我们也将按照这个顺序分 5 个例题逐一讲解。

由于该图形左右对称，因此为了节省绘图时间，可以先画一半的图形，然后用【镜像】命令生成另一半。

4.2 轴　　线

定位轴线是标定房屋中的墙、柱等承重构件位置的线，它是施工时定位放线及构件安装的依据，所以也叫定位轴线。它是反映开间、进深的标志尺寸，常与上部构件的支承长度相吻合。凡是承重墙、柱子等主要承重构件都应画出轴线来确定其位置。定位轴线采用细点划线表示。

4.2.1　学习目标

本例通过对图 4.2 所示轴网的绘制，使读者了解建筑平面图中轴网的基本知识并掌握【直线】命令、【偏移】命令和【复制】命令的使用方法。

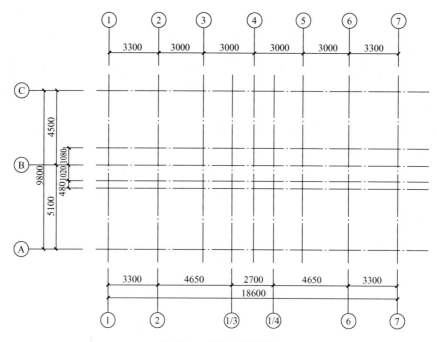

图 4.2 某住宅楼轴线

4.2.2 实例分析

轴网是平面图绘制的第一步，确定平面图的整体框架，一般形状比较规则，绘制比较简单。从图 4.2 可以看出，轴网中大部分轴线为正交水平和垂直方向，因此使用正交绘图会更加方便。轴线尺寸在一个方向的基本相同，可以使用偏移或复制命令快速绘图。本例中房屋的定位轴线主要由框架柱来确定，横向轴线从①~⑦，在③、④轴线和④、⑤轴线间插入 1/3 和 1/4 两条轴线，纵向轴线从 A~C，在 B 轴线的附近为了给卫生间隔墙定位，分别插入的 3 条辅助轴线，如图 4.2 所示。

图 4.3 图形单位设置

4.2.3 操作过程

步骤一：绘图准备

1. 设置图形单位

命令：Units

出现【图形单位】对话框，如图 4.3 所示，将精度选为 0。

2. 设置图幅范围

（1）命令：Limit(设置图限：重新设置模型空间界限)

指定左下角点或 [开(ON)/关(OFF)] < 0.0000，0.0000>：<Enter>

指定右上角点＜420，297＞：42000，29700(图幅采用 A2 图纸)

(2) 把绘图区域放大至全屏显示。

命令：Zoom

指定窗口的角点，输入比例因子(nX 或 nXP)，或者［全部(A)/中心(C)/动态(D)/范围(E)/上一个(P)/比例(S)/窗口(W)/对象(O)］＜实时＞：A

3. 设置图层

命令：Layer(单击【绘图】工具栏中的 按钮，打开图层管理器，如图 4.4 所示)

在弹出的【图层特性管理器】对话框中通过单击鼠标右键新建 7 个图层，并依次对每个图层命名，同时设置对象特性，如颜色、线型等，如图所示，并将【轴网】图层设置为当前图层。

图 4.4 图层设置

步骤二：绘制轴线

1. 绘制垂直轴线

命令：Line(单击【绘图】工具栏中的 按钮，开始绘制垂直轴线)

指定第一点：(在绘图区域的左侧拾取一点)

指定下一点或 ［放弃(U)］：12000(鼠标向下移动，输入线段长度 12000mm)

指定下一点或 ［放弃(U)］：＜Enter＞(①号轴线绘制完成)

2. 绘制水平轴线

1) 命令：Line（单击【绘图】工具栏中的 按钮，开始绘制水平轴线）

指定第一点：(在绘图区域的左侧适合位置拾取一点)

指定下一点或 ［放弃(U)］：12000(鼠标向下移动，输入线段长度 22000mm)

指定下一点或 ［放弃(U)］：＜Enter＞(2 号轴线绘制完成，如图 4.5 所示)

2) 生成其余轴线

图 4.5 用【直线】命令绘制水平和垂直轴线

方法一：用【偏移】命令

命令：Offset(单击【绘图】工具栏中的 按钮，偏移横向轴线)

指定偏移距离或［通过(T)/删除(E)/图层(L)］：3300(输入①、②轴线的间距)

选择要偏移的对象或＜退出＞：(选择轴线①)

指定要偏移的那一侧上的点，或［退出(E)/多个(M)/放弃(U)］＜退出＞：(在①轴线的右侧拾取一点，则②轴线生成，如图4.6所示)

选择要偏移的对象或＜退出＞：＜Enter＞

继续使用【偏移】命令把②号轴线向右偏移3000，生成③号轴线，其余轴线可用此方法生成。

方法二：用【复制】命令

命令：Copy(单击【绘图】工具栏中的 按钮，复制横向轴线)

选择对象：找到一个(用鼠标选取①号轴线)

选择对象：＜Enter＞

指定基点或［位移(D)］＜位移＞：3300(将鼠标移至①号轴线的右侧，生成②号轴线)

指定第二个点或＜使用第一个点作为位移＞：6300(将鼠标移至②号轴线的右侧，生成③号轴线)

指定第二个点或［退出(E)/放弃(U)］＜退出＞：9300(将鼠标移至③号轴线的右侧，生成④号轴线)

以此方法依次生成其余的横向垂直轴线。纵向水平轴线也可用此方法生成。如图4.7所示，尺寸和轴网编号的标注方法在以后例题中详细讲述。

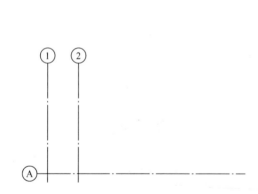

图4.6　用【偏移】或【复制】命令绘制横向轴线

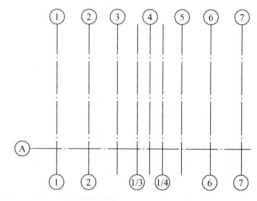

图4.7　用【偏移】或【复制】命令绘制其余横向轴线

4.2.4　实例总结

本例主要介绍了轴网的绘制方法，绘图前首先进行绘图环境设置，采用的绘图命令主要有Line、Offset和Copy命令，熟悉绘图的基本方法。

建筑平面设计一般是从轴线的绘制开始的，确定了轴线就确定了整个建筑物的承重体系和非承重体系，确定了建筑房间的开间进深尺寸以及楼板柱网等细部的布置。所以，绘制轴线是使用AutoCAD进行建筑绘图的基本功之一。

轴线是由许多雷同的细点划线组成，而且由于房屋的特点，大多数轴线是平行或垂直关系，因此可以首先绘制两条相互垂直的基准线，然后通过复制或偏移操作，从而快速完成轴线的绘制。

4.2.5 命令详解

1. 直线（Line）命令

在 AutoCAD 中，使用直线 Line 命令可以绘制一条线段或由多条线段连接而成的简单直线，其中每条线段都是一个单独的直线对象，可以单独编辑而不影响其他线段。可以闭合一系列线段，将第一条线段和最后一条线段连接起来。

要绘制直线，可按下列步骤进行。

（1）使用以下任一种方法运行【直线】命令。

● 在【绘图】工具栏中，单击【直线】按钮。

●【绘图】下拉菜单中，选择【直线】命令。

● 在"命令:"提示下，输入 Line（或 L），并按回车键。

AutoCAD 提示如下。

指定第一点：

（2）指定直线的起点。注意，此时橡皮筋线将从起点处延伸到光标位置，并且随着光标的移动改变直线的尺寸和位置。

AutoCAD 提示如下。

指定下一点或［放弃(U)］：

（3）指定直线的端点。指定了直线的端点位置后，AutoCAD 将绘制该直线线段，并重复提示上一个提示。然后可以绘制另外的直线线段。

（4）按回车键结束命令。

在直线命令处于激活状态时，可以通过输入 U 来放弃上一个绘制的直线线段。重复执行 Undo 命令，可以清除每次绘制的上一个直线线段。绘制了两条以上的直线线段后，可以输入 C(代表【封闭】命令)，创建一条与起点相连的直线线段并结束【直线】命令。提示如果要在上一个直线的端点处开始绘制一条新的直线，可以再次选择【直线】命令，在 AutoCAD 提示指定第一点时，按回车键即可。

2. 复制（Copy）命令

要对一个选择集进行一次复制，可按下列步骤进行。

（1）使用以下任一种方法运行【复制】命令。

● 在【修改】工具栏中，单击【复制对象】按钮。

● 从【修改】下拉菜单中，选择【复制】命令。

● 在"命令:"提示下，输入 Copy（或 CO 或 CP），并按回车键。

AutoCAD 将会提示选择对象。

（2）选择要进行复制的对象，然后按回车键。

AutoCAD 提示如下。

指定基点或位移，或者［重复(M)］：

(3) 指定基点。

AutoCAD 提示如下。

指定位移的第二点或 <用第一点作位移>：

(4) 指定位移点。

注意要用位移方式复制对象，在提示指定基点或者位移时，输入一个距离，代替指定一个基准点，并按回车键。在提示指定位移的第二个点时，再次按回车键。

要多重复制一个选择集，可按下列步骤进行。

① 使用以下任一种方法。

- 在【修改】工具栏中，单击【复制对象】按钮。
- 从【修改】下拉菜单中，选择【复制】命令。
- 在"命令:"提示下，输入 Copy(或 CO 或 CP)，并按回车键。

AutoCAD 提示选择对象。

② 选择要进行复制的对象，并按回车键。

AutoCAD 提示如下。

指定基点或位移，或者 [重复(M)]：

③ 输入 M(对应于【重复】命令)并按回车键，或单击右键从快捷菜单中选择【重复】命令。

AutoCAD 提示如下。

指定基点：

指定基准点。

AutoCAD 提示如下。

指定位移的第二点或 <用第一点作位移>：

指定第一个副本位移的第二点。AutoCAD 将会重复上面的提示。

指定下一个副本位移的第二点。

继续指定其他副本的位移点。

要结束命令，按回车键。

提示：要复制一个对象，还可以选择该对象后在绘图区单击右键，从快捷菜单中选择【复制】命令。

4.2.6 相关知识

"国标"规定，定位轴线采用细点划线表示，轴线的端部画直径为 8mm 的细实线圆圈，在圆圈内写上轴线编号。横向编号采用阿拉伯数字，从左至右编写，竖向编号采用大写拉丁字母，自下而上编写。拉丁字母中的 I、O、Z 不能用作轴线编号，以免与阿拉伯数字中的 1、0、2 混淆。平面图上定位轴线的编号一般标注在图的下方与左侧，当平面图不对称时，上方和右侧也应标注轴线编号。

定位轴线：确定主要结构位置的线，如确定建筑的开间或柱距，进深或跨度的线称为定位轴线。除定位轴线以外的网格线均称为定位线，它用于确定模数化构件尺寸。模数化网格可以采用单轴线定位、双轴线定位或二者兼用，应根据建筑设计、施工及构件生产等条件综合确定，连续的模数化网格可采用单轴线定位。当模数化网格需加间隔而产生中间区时，可采用双轴线定位。定位轴线应与主网格轴线重合。定位线之间的距离（如跨度、柱距、层高等)应符合模数尺寸，用以确定结构或构件等的位置及标高。结构构件与平面定位线的联系，应有利于水平构件梁、板、屋架和竖向构件墙、柱等的统一和互换，并使结构构件受力合理、构造简化。工业厂房定位线的确定应遵守有关规定，使厂房建筑和构、配件逐步达到统一，提高设计标准化、生产工业化和施工机械化的水平。

4.3 墙　　柱

墙体依据其在房屋所处位置的不同分为外墙和内墙。凡是位于建筑物外围的墙体都是外墙，外墙是建筑物的外围围护结构，起着挡风、阻碍、保温等作用；凡是位于建筑物内部的墙体都称为内墙，内墙主要起隔断作用。

墙体依据结构受力作用的不同分为承重墙和非承重墙。凡是直接承受上部屋顶或楼板等传递荷载的墙体称为承重墙，否则称为非承重墙。非承重墙包括隔墙、填充墙和幕墙等。其中用来分隔内部空间，重量由楼板或梁承担的墙称为隔墙；框架结构中填充在柱子之间的墙称为填充墙；悬挂于外部骨架或楼板间的轻质外墙称为幕墙，如玻璃幕墙等。

在平面图中，墙线用双线表示，一般采取轴线定位的方式，以轴线为中心，具有很明显的对称关系，所以绘制墙线通常有两种方法：一种方法是直接偏移轴线，将轴线向两边偏移一定的距离得到墙线，然后用格式刷将墙线转换至墙线图层；另一种方法是使用【多线】命令，直接绘制墙线。本例采用第二种方法。

4.3.1　学习目标

学习使用【多线】命令绘制墙线，并利用多线编辑工具对墙线进行修改。

4.3.2　实例分析

在本例中，外墙厚度为370mm且外偏轴线250mm，内偏轴线120mm。内墙分为承重墙与非承重墙，其中承重墙厚度为240mm，非承重墙厚度为120mm，均轴线居中。绘图时，我们首先设置多线样式，再利用【多线】命令绘制墙线，绘制好的墙线如图4.8所示。

柱是填充为实体的正方形，可用【矩形】命令绘制柱的边缘线，用【图案填充】命令填充柱截面，并将柱截面定义成块插入所需的位置。

4.3.3　操作过程

步骤一：绘制墙线
1. 设置墙线
给新建的多线命名
命令：Mlstyle
系统弹出【多线样式】对话框，如图4.9所示。

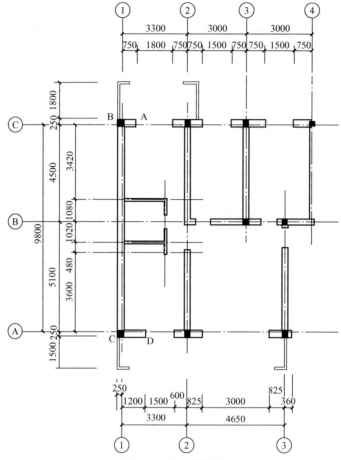

图 4.8 住宅楼墙线

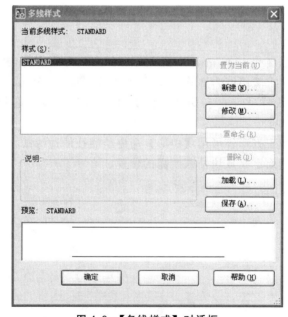

图 4.9 【多线样式】对话框

单击【多线样式】对话框的【新建】按钮,弹出【创建多线样式】对话框,如图 4.10 所示。

在对话框中【新样式名】一栏中输入多线名称"外墙",单击【继续】按钮,弹出【修改多线样式:外墙】对话框,按图 4.11 所示设置墙线的偏移量、颜色及线型,设置完成之后,单击【确定】按钮,回到【多线样式】对话框,继续设置内墙和隔墙,所有墙线设置完成后,在【多线样式】对话框中将外墙设置为当前,然后单击【确定】按钮,完成多线定义。

图 4.10 【创建新的多线样式】对话框

图 4.11 修改多线样式对话框

如果在【多线样式】对话框中新建一个多线样式之后单击【保存】按钮,将所建样式保存为磁盘文件,就可以在绘制其他图形文件时调用。调用方法是在【多线样式】对话框中单击【加载】按钮。由于本例中的墙体均为 240mm 厚墙体,因此绘制起来比较简单,多线的对正类型设置为中心对正,沿着轴线的交点绘制即可。如果建筑中还存在 120mm 厚或者 370mm 厚等偏轴墙体,那么在利用"多线"命令绘制的时候,除了设置好多线元素的偏移距离之外,还需根据实际情况选择多线的对正类型,包括上对正和下对正。

2. 绘制墙线

1) 把【墙线】图层设置为当前图层

2) 设置捕捉模式

3) 绘制外墙

命令:Mline

当前设置:对正=上,比例=20.00,样式=STANDARD(设置多线参数)

指定起点或 [对正(J)/比例(S)/样式(ST)]:J(对正设置)

输入对正类型 [上(T)/无(Z)/下(B)]<上>:Z(无对正)

当前设置：对正＝无，比例＝20.00，样式＝STANDARD
指定起点或［对正(J)/比例(S)/样式(ST)］：S（比例设置）
输入多线比例＜20.00＞：1（比例为1∶1）
当前设置：对正＝无，比例＝1.00，样式＝STANDARD
指定起点或［对正(J)/比例(S)/样式(ST)］：ST（多线样式设置）
输入多线样式名或［?］：外墙（设置"外墙"为当前多线样式）
当前设置：对正＝无，比例＝1.00，样式＝外墙（多线参数设置完毕，下面绘制多线）
指定起点或［对正(J)/比例(S)/样式(ST)］：（捕捉焦点d点）
指定下一点：（捕捉焦点a点）
指定下一点或［放弃(U)］：（捕捉焦点i点）
指定下一点或［闭合(C)/放弃(U)］：（捕捉焦点l点）
指定下一点或［闭合(C)/放弃(U)］：＜Enter＞，如图4.12所示。

4）绘制隔墙

将轴线Ⓑ向上偏移1080mm，向下分别偏移1020mm和1500mm，将轴线②向左偏移1200mm，如图4.13所示。

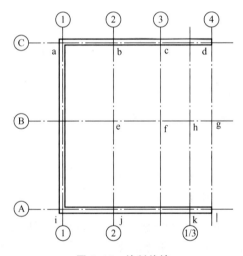

图4.12 绘制外墙

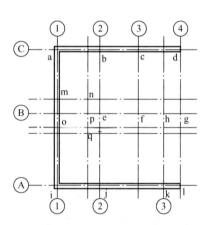

图4.13 节点编号

命令：Mlstyle

系统弹出【多线样式】对话框，将"隔墙"设置为当前多样样式，然后单击【确定】按钮。

命令：Mline

当前设置：对正＝无，比例＝1.00，样式＝外墙

指定起点或［对正(J)/比例(S)/样式(ST)］：ST＜Enter＞

输入多线样式名或［?］：隔墙（将"隔墙"设置为当前多线样式）

当前设置：对正＝无，比例＝1.00，样式＝隔墙

指定起点或［对正(J)/比例(S)/样式(ST)］：（捕捉焦点m点）

指定下一点：（捕捉焦点n点）

指定下一点或［放弃(U)］：（捕捉焦点q点）

指定下一点或 [闭合(C)/放弃(U)]：<Enter>。

命令：Mline

当前设置：对正＝无，比例＝1.00，样式＝隔墙

指定起点或 [对正(J)/比例(S)/样式(ST)]：(捕捉焦点 o 点)

指定下一点：(用捕捉焦点 p 点)

指定下一点或 [放弃(U)]：<Enter>

卫生间隔墙的绘制如图 4.14 所示。

5）绘制内墙

命令：Mlstyle

系统弹出【多线样式】对话框，将"内墙"设置为当前，然后单击【确定】按钮。

绘制 bj 段内墙：

命令：Mline

当前设置：对正＝无，比例＝1.00，样式＝隔墙

指定起点或 [对正（J）/比例（S）/样式（ST）]：ST

输入多线样式名或 [?]：内墙（将"内墙"设置为当前多线样式）

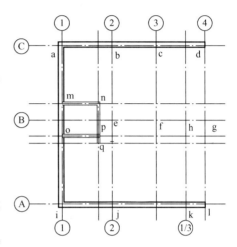

图 4.14　绘制卫生间隔墙

当前设置：对正＝无，比例＝1.00，样式＝内墙

指定起点或 [对正(J)/比例(S)/样式(ST)]：(捕捉焦点 b 点)

指定下一点：(捕捉焦点 j 点。)

指定下一点或 [放弃(U)]：<Enter>

绘制 cf 段内墙：

命令：Mline

当前设置：对正 ＝无，比例＝1.00，样式＝内墙

指定起点或 [对正(J)/比例(S)/样式(ST)]：(捕捉焦点 c 点)

指定下一点：(捕捉焦点 f 点。)

指定下一点或 [放弃(U)]：<Enter>

绘制 dg 段内墙：

命令：Mline <Enter>。

当前设置：对正＝无，比例＝1.00，样式＝内墙

指定起点或 [对正(J)/比例(S)/样式(ST)]：(捕捉焦点 d 点)

指定下一点：(捕捉焦点 g 点)

指定下一点或 [放弃(U)]：<Enter>

绘制 hk 段内墙：

命令：Mline

当前设置：对正＝无，比例＝1.00，样式＝内墙

指定起点或 [对正(J)/比例(S)/样式(ST)]：(捕捉焦点 h 点)

指定下一点：(捕捉焦点 k 点)

指定下一点或［放弃(U)］：<Enter>
绘制 eg 段内墙：
命令：Mline
当前设置：对正＝无，比例＝1.00，样式＝内墙
指定起点或［对正(J)/比例(S)/样式(ST)］：(捕捉焦点 e 点)
指定下一点：(捕捉焦点 g 点)
指定下一点或［放弃(U)］：<Enter>

6) 绘制阳台墙

阳台墙厚 100mm，采用【多线】命令绘制，绘制好图形如图 4.15 所示。

7) 修剪墙线

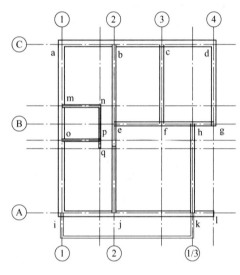

图 4.15 绘制内墙

现在得到的墙线是一个大致的轮廓和形状，在一些细部并不满足要求，需要进一步编辑。从上面的绘制过程来看，利用【多线】命令绘制墙线能大大节省工作量，但是设置起来比较复杂。实际上，修改多线更为复杂，它要用到【多线编辑】命令 Mledit，该命令中最复杂的是选择多线顺序以及使用编辑命令的选项顺序。

选择【修改】→【对象】→【多线】命令，或者直接在命令行中输入 Mledit，弹出如图 4.16 所示的【多线编辑工具】对话框。该对话框中有 12 个多线编辑工具，可根据具体的多线交叉方式，从该对话框中选择所需要的工具。选择之后，在对话框的左下角就会出现相应的说明，如十字闭合、十字打开、十字合并、T 形闭合、角点结合等。

图 4.16 多线编辑工具

修改 T 形部位。

命令：Mledit（或双击任意多线，打开多线编辑对话框，选择【T 形打开】，关闭对话框）

选择第一条多线：［单击图 4.17(a)水平的多线］

选择第二条多线：［单击图 4.17(a)垂直的多线］

选择第一条多线或［放弃(U)］：＜Enter＞［T 形墙线修改完毕，如图 4.17(b)所示］

按照同样的方法可对角结点进行修改，如图 4.17(c)、图 4.16(d)。

利用不同的多线编辑工具，修改其余墙线，具体过程略。完成墙线修改后的平面图如图 4.18 所示。

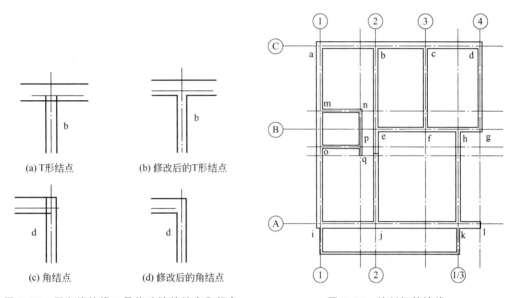

图 4.17　用多线编辑工具修改墙的结点和拐角　　图 4.18　绘制好的墙线

从以上过程可以看到，尽管 Mledit 命令很难掌握，但因为修改速度非常快，所以仍然很实用，不过，该工具只能修改两条相交的多线，而不能修改其他的相交线段，如选择【直线】命令画出来的线段与多线相交时，就不能直接用多线编辑工具。这时只能用【分解】命令将多线分解后，选择【修剪】命令一条一条地修剪线段。

步骤二：绘制柱截面(240mm×240mm)

随着标准化构件的发展，单一建筑物中的柱截面不会有太大变化，其一般截面形式为圆形或长方形。本图中，柱子用 240mm×240mm 的填充正方形表示。为了准确地在轴线的交点处插入柱子，可以利用【正多边形】命令创建该正方形。

1. 绘制柱线

命令：Rectang

指定第一个角点或［倒角(C)/标高(E)/圆角(F)/厚度(T)/宽度(W)］：［在适当位置拾取一点，如图 4.18(a)中 a 点］

指定另一个角点或［面积(A)/尺寸(D)/旋转(R)］：D（设置矩形边长）

指定矩形的长度＜10.0000＞：240（长边长 240）

指定矩形的宽度＜10.0000＞：240（短边长 240）

指定另一个角点或［面积(A)/尺寸(D)/旋转(R)］：［单击即确定，如图 4.19(a)所示］

2. 填充柱截面

用鼠标选取方柱。

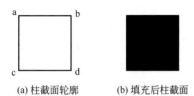

(a) 柱截面轮廓　　(b) 填充后柱截面

图 4.19　绘制柱截面

命令：Bhatch（单击【绘图】工具栏中的  按钮，弹出【图案填充和渐变色】对话框，如图 4.20 所示）

单击【图案】选项的 ... 按钮，弹出【填充图案选项板】对话框，打开【其他预定义】选项卡，如图所示 4.21 所示，选择"SOLID"图案后确定，返回【图案填充和渐变色】对话框，单击【添加】→【拾取点】按钮，回到绘图区。

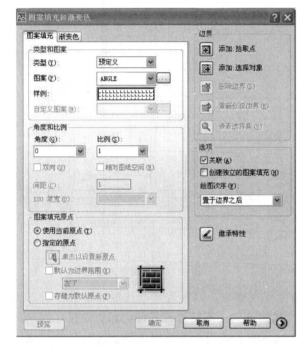

图 4.20　设置图案填充

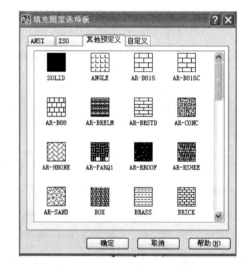

图 4.21　图案填充选项板

拾取内部点或［选择对象(S)/删除边界(B)］：正在选择所有对象...［在柱截面内部单击，按回车键返回【图案填充和渐变色】对话框，单击【确定】按钮，完成图案填充，如图 4.18(b)所示］。

正在选择所有可见对象...

正在分析所选数据...

正在分析内部孤岛...

拾取内部点或［选择对象(S)/删除边界(B)］：＜Enter＞

3. 插入柱

打开【对象捕捉】对话框，设置【捕捉】选项。

用【复制】命令依次将柱插入需要的位置，也可以将柱设置成块，关于【块】的使用将在下个例题中详细讲述。

4.3.4 实例总结

由于柱子断面的填充图案是 SOLID，因此在选择【正多边形】命令绘出柱子的轮廓后，除了通过【图案填充】命令绘制柱子断面图案之外，也可以选择【绘图】→【曲面】→【二维填充】命令完成柱子断面的绘制，命令行提示如下。

命令：Polygon
输入边的数目：
指定正多边形的中心点或［边(E)］：
输入选项［内接于圆(I)/外切于圆(C)］：C
指定圆的半径：250（得到 500×500 的柱子轮廓）
命令：Solid
指定第一点：（选择正方形的左上角点）
指定第二点：（选择正方形的右上角点）
指定第三点：（选择正方形的左下角点）
指定第四点或：（选择正方形的右下角点）
指定第三点：＜Enter＞（得到完整的柱子。）

提示：在选择【二维填充】命令时，一定要注意指定点的顺序。点的指定顺序不同，填充效果也会不同，如图 4.22 所示。由此可见，利用【二维填充】命令可以创建三角形、四边形以及各种形状的多边形。

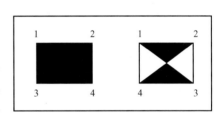

图 4.22 二维填充的不同结果

4.3.5 命令详解

1. 多线(Mline)命令

大家经常需要绘制平行线。例如在建筑平面图中，用平行线可以表示墙。尽管可以单独地绘制每一个平行线对象，但 AutoCAD 提供了多线命令。多线由 1～16 条平行线组成，这些平行线称为元素。绘制多线时，可以使用包含两个元素的 STANDARD 样式，也可以指定一个以前创建的样式。开始绘制之前，可以修改多线的对正和比例。

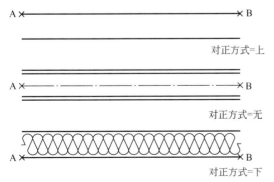

图 4.23 用不同的多线样式和不同的对正方式绘制的多线

2. 多线对正

确定在光标的哪一侧绘制多线，或者是否位于光标的中心上，如图 4.23 所示。

3. 多线比例

用来控制多线的全局宽度（使用当前单位）。多线比例不影响线型比例。如果要修改多线比例，可能需要对线型比例做相应的修改，以防点划线的尺寸不正确。

AutoCAD提供了一个预定义的多线样式，称为"标准"样式，由一对平行的连续线组成。要绘制一个多线，可按下列步骤进行。

(1) 使用下列任一种方法运行【多线】命令。
- 在【绘图】工具栏中，单击【多线】按钮。
- 从【绘图】下拉菜单中，选择【多线】命令。
- 在"命令："提示下，输入Mline(或ML)，并按回车键。

AutoCAD提示如下：

当前设置：对正＝上，比例＝1.00，样式＝STANDARD

指定起点或［对正(J)/比例(S)/样式(ST)］：

注意：此时AutoCAD显示当前的对正方式、比例和多线样式。要修改这些选项，输入代表各选项的大写字母并按回车键。例如，要选择一个其他的多线样式，可输入ST并按回车键。

(2) 指定起点。注意橡皮筋线，其组成的平行线与当前的多线样式相同。并从起点处延伸到光标所在位置处，并随着光标的移动而改变。除非修改对正方式，否则多线的顶部将与光标对齐。

AutoCAD提示如下。

指定下一点：

(3) 指定多线线段的端点。一旦指定了端点，AutoCAD将绘制一个多线线段。

AutoCAD提示如下：

指定下一点或［放弃(U)］：

(4) 指定下一个多线线段的端点。一旦指定了端点，AutoCAD将绘制下一个多线线段。

AutoCAD提示如下。

指定下一点或［闭合(C)/放弃(U)］：

(5) 指定下一个多线线段的端点。输入C，可以封闭多线(或从快捷菜单中选择【封闭】命令)，或按回车键结束命令。

执行Mline命令时，可以输入U，放弃上一个多线线段；重复执行该操作，可以消除每一个上次绘制的多线线段。在设置了两个或多个多线线段后，可以输入C，创建一个返回到第一个多线线段起点处的多线线段并结束Mline命令。同样地，一旦指定了端点，将绘制下一个多线线段，并且AutoCAD继续重复该提示。

注意：在给多线定义比例因子时，负值将颠倒偏移直线的次序(在从左到右绘制多线时，偏移量最小的将被绘制在顶部)并按绝对值缩放多线。比例因子为零时，将使多线变成一条单一的直线。

4. 创建多线样式

可以用【多线样式】对话框创建一个多线样式，如图4.24所示。对话框中的上部包含有控制当前多线样式的各个选项，如下所示。

- 元素的总数和每个元素的位置。
- 每个元素与多线中间的偏移距离。
- 每个元素的颜色和线型。

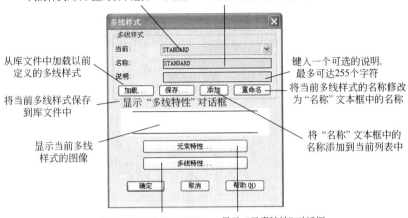

图 4.24 【多线样式】对话框

- 每个顶点出现的称为 joints 的直线的可见性。
- 使用的封口类型。
- 多线的背景填充颜色。

要创建一个多线样式,可按下列步骤进行。

(1) 使用下列任一种方法打开【多线样式】对话框。

- 从【格式】下拉菜单中,选择【多线样式】命令。
- 在"命令:"提示下,输入 Mlstyle,并按回车键。

(2) 在【多线样式】对话框的【名称】文本框中输入新样式的名称。

(3) 在【说明】框中,为多线样式添加一个相关说明(选项)。

(4) 单击【添加】按钮,使新样式成为当前样式。AutoCAD 将添加一个基于上一个当前多线样式作为新的多线样式。

(5) 单击【元素特性】按钮,打开【元素特性】对话框,如图 4.25 所示。可以控制多线元素的数量、外观和间距。例如,要添加一个新元素,单击【添加】按钮,然后使用【偏移】文本框、【颜色】以及【线型】按钮,修改该元素。

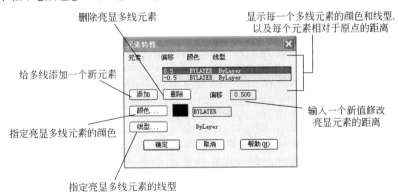

图 4.25 【元素特性】对话框

(6) 打开【多线特性】对话框，如图 4.26 所示，可以控制多线特性，像显示线段的连接方式(图 4.27)，起点和端点的封口和角度(图 4.28)，以及多线的背景颜色等。

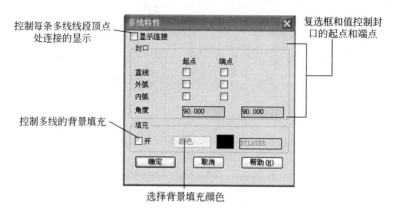

图 4.26 【多线特性】对话框

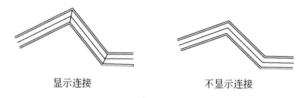

显示连接　　　　　　　　不显示连接

图 4.27 用顶角连接方式与不用顶角连接方式绘制的多线

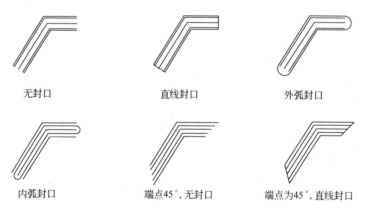

图 4.28 多段线端点的封口

在完成添加或修改多线元素后，单击【确定】按钮。

(7) 除了在当前图形中使用新样式外，如果希望在其他图形中也能够使用新样式，单击【保存】按钮，将新样式保存到多线样式库文件中。

(8) 单击【确定】按钮，关闭对话框并结束命令。

提示在添加新的多线样式时，它仅能在当前图形中使用，除非将它保存到库文件中。一旦将它保存到库文件中，如果在其他图形中使用该样式，可以单击【加载】按钮，将该样式加载到那个图形中的可利用样式列表中。

5. 图案填充(Bhach)

一种常用的在图形中表达信息的方法是用实心颜色和重复的直线图案填充某一区域。例如，可能需要表示一个建筑物立面图上的砖块图案、地图上的土壤或植物图案等。这些实心颜色和重复的图案就叫做填充图案。通过使用 AutoCAD 的 Bhach 和 Hatch 命令可以非常方便地为图形中的某一区域应用填充图案。

要添加新的填充对象，可以使用以下任一种方法。
- 从【绘图】工具栏中，单击【图案填充】按钮。
- 在【绘图】下拉菜单中，选择【文字】→【图案填充】命令。
- 在"命令:"提示下，输入 Bhach(或 BH 或 H)，然后按回车键。

AutoCAD 显示【图案填充和渐变色】对话框，如图 4.29 所示。对话框中的主要内容包括以下 5 部分内容。

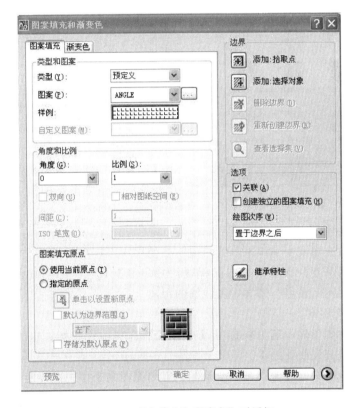

图 4.29 【案填充和渐变色】对话框

- 填充图案的类型和图案。
- 填充图案的角度和比例。
- 图案填充原点。
- 边界。
- 选项。

下面对这 5 部分内容进行详细说明，便于读者更好的理解图案填充命令。

6. 类型和图案

在使用填充图案时，要做的第一件事是确定要使用的填充图案的类型。此时，可以使用【类型】选项，选择一个AutoCAD预定义的图案、一个用户定义的图案或一个自定义的填充图案。

1) 预定义填充图案

AutoCAD提供了实体填充及60多种行业标准填充图案，可用于区分对象的部件或表示对象的材质，还提供了符合ISO(国际标准化组织)标准的14种填充图案。要选择任一种预定义的填充图案，从【类型】下拉列表中选择【预定义】选项，然后既可以从【图案】下拉列表中选择一个样式名，也可以单击相邻的【样例】图标以打开【填充图案选项板】对话框，如图4.30所示。其中【ANSI】和【ISO】选项卡包含了所有由AutoCAD提供的ANSI和ISO标准的填充图案；而【其他预定义】选项卡包含所有由其他应用程序提供的填充图案；【自定义】选项卡显示所有添加到AutoCAD搜索路径下的自定义填充图案文件定义的图案样式。要选择一个样式，既可以双击图案，也可以选中图案后单击【确定】按钮。然后使用【角度】和【比例】选项，调整图案的角度与图案中直线间的距离。

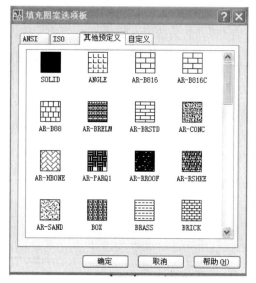

图4.30　填充图案选项板

2) 用户定义的填充图案

用户定义的填充图案由一组平行线组成。要使用用户定义的填充图案，从【边界图案填充】对话框的【类型】下拉列表中选择【用户定义】选项，然后使用【角度】和【间距】选项，调整图案的角度与图案中直线间的距离。

3) 自定义填充图案

除了以上两类图案外，还可以选择【自定义】选项填充图案。这类图案可以自己创建，也可以从其他开发商处购买。

自定义的填充图案一般保存在单独的.PAT填充图案文件中。要使用自定义的填充图案，从【类型】下拉列表中选择【自定义】选项，然后在【自定义图案】框中，既可以输入也可以选择自定义填充图案文件的名称，或者单击相邻的按钮或【样例】框，以显示【填充图案选项板】对话框的【自定义】选项卡。AutoCAD将在它的支持文件搜索路径中查找.PAT文件，并在选项卡的左部显示自定义填充图案文件的名称。要显示自定义填充图案的预览图像，从列表中选择任一个图案，在短暂的停顿后AutoCAD将生成自定义填充图案的图像。在选择了自定义填充图案的预览图像样式后，使用【边界图案填充】对话框的【角度】和【比例】选项，可以控制图案的尺寸和角度。

注意可将自定义的填充图案添加到任一个AutoCAD预定义的填充图案库文件中。如果执行了这个操作，则新的填充图案将显示在预定义图案列表的最后一个。

7. 角度和比例

在选择了要使用的填充图案的类型后，通过修改图案的尺寸或比例，以及旋转角度，可以控制填充图案的外观。这些控制项位于【边界图案填充】对话框的【快速】选项卡中。

1）图案比例和尺寸

使用【角度】和【比例】选项可以控制图案的尺寸和角度。每一种填充图案的定义中都包含了组成填充图案直线之间的距离信息，因此，修改填充图案的比例将修改原来的填充图案定义的比例因子，若比例值大于1，则放大填充图案；若比例值小于1，则图案将比原始定义的图案小。有一些填充图案设计为表示真实的材质。例如，AR－B816C 表示 8×16in(英寸)的带有灰浆勾缝的混凝土块，若使用此填充图案时比例值为1，则混凝土块将按以上的尺寸绘制。其他的填充图案，例如，EARTH 和 ZIGZAG，都是简单的表达方式。这些图案应进行适当的缩放，以便在以后打印图形时，得到满意的结果。

在使用用户定义的填充图案时，【比例】文本框将不可用，但【间距】文本框处于激活状态，通过在此文本框中输入一个数值可以控制用户定义图案的平行直线之间的距离，该距离值用图形单位测量。如果选中了【双向】复选框(位于【边界图案填充】对话框的右下角，【组成】区的上方)，则将同时使用与第一组直线垂直的另一组平行线。

警告：如果比例值或间距值太小，则整个填充区域就像用【实心填充】图案进行填充一样，而且将花费较长的时间。如果比例值太大，则图案中的直线距离太远，可能会导致在图形中不显示填充图案。

如果填充图案的名称以 ISO 开头，则该图案将用公制图形。在选择了这类填充图案中的任一图案后，【ISO 笔宽】下拉列表将被激活，此时，可使填充图案的比例基于指定的公制宽度。与公制线型相似，公制填充图案用于公制图形中。尽管可以在任一图形中使用这些图案，但要记住原始的图案定义是基于毫米单位制的，因此在非公制图形中使用时，需要按合适的比例进行缩放。

2）控制角度

每一个填充图案定义中还包括组成图案的角度信息。当角度值为 0 时，实际使用的填充图案与填充图案的图像的对齐方式一致。要修改使用的填充图案的对齐方式，在【角度】文本框中输入一个新值或从下拉列表中选择一个值。要注意 AutoCAD 通常沿逆时针方向测量角度。要沿顺时针方向旋转填充图案，应输入一个负值。

8. 填充图案的边界

在选择了填充图案，并对外观进行了必要的修改后，下一步就是定义要填充区域的边界。对象之间可以重叠，但这个区域必须被一个或多个对象完全封闭。在定义边界时，既可以在封闭区域的内部拾取一点，也可以选择组成边界的对象。

若一个边界是一个单一封闭的对象或由多个首尾相连的对象围成，则在选择这个边界时，既可以在边界的内部拾取一点，也可以选择单个的对象。但如果一个边界是由多个重叠的对象围成，则必须用在边界内部拾取一点的方式来定义边界。选择单个的对象可能会产生不可预计的结果。

1）拾取点

若单击【拾取点】按钮，AutoCAD 将根据围绕指定点构成封闭区域的现有对象确定边界。此时,【边界图案填充】对话框将暂时消失,并且 AutoCAD 提示系统将会提示拾取一个点。

拾取内部点或[选择对象(S)/删除边界(B)]:单击要进行图案填充或填充的区域如图 4.31(a)所示,填充效果如图 4.31(b)所示。

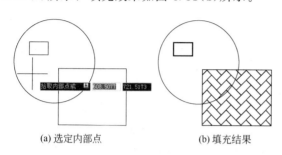

图 4.31 通过拾取点的方法填充图案(一)

如果填充线与某个对象(例如文本、属性或实体填充对象)相交,并且该对象被选定为边界集的一部分,将围绕该对象来填充。

2) 选择对象

若单击【选择对象】按钮,则 AutoCAD 将只根据那些选定的对象确定填充的边界。【边界图案填充】对话框将暂时关闭,并且 AutoCAD 提示选择对象。

选择对象或[拾取内部点(K)/删除边界(B)]:[选择要进行图案填充或填充区域的对象,在图 4.32(a)中选择矩形框为对象,填充效果如图 4.32(b)所示]。

与拾取点方法不同,选择的对象必须构成完全封闭的区域,在结束选择对象后按回车键返回到【边界图案填充】对话框。注意在将填充图案应用到图形中之前可以使用以上任一种或两种方法选择多个边界。单击【查看选择集】按钮将亮显当前的边界。

使用选择对象方法时,Hatch 不自动检测内部对象。要使 AutoCAD 能够识别内部孤岛,必须清楚地选择这些对象。例如图 4.33(a)中将矩形框和文字"图案填充"均作为对象并选择,填充后的效果如图 4.33(b)所示。

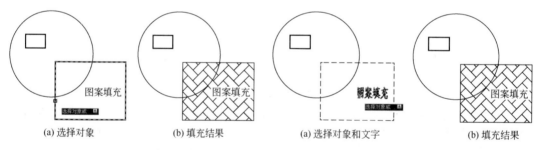

图 4.32 通过拾取点的方法填充图案(二) 　　图 4.33 通过拾取点的方法填充图案(三)

选择对象时,可以随时在绘图区域单击鼠标右键以显示快捷菜单。可以利用此快捷菜单放弃最后一个或所定对象、更改选择方式、更改孤岛检测样式或预览图案填充或渐变填充。

3) 删除边界

从边界定义中删除以前添加的任何对象。

使用拾取点的方法选择边界,如图 4.34(a)所示。

单击【删除边界】按钮时,对话框将暂时关闭,命令行将显示提示。

选择对象或[添加边界(A)]:

选择对象:选择要从边界定义中删除的对象,如图 4.34(b)中选择矩形图形中的圆。

添加边界:选择图案填充或填充的临时边界对象添加它们。

填充后的效果如图 4.34(d)所示，图 4.34(c)为没有经过删除对象的图案填充效果，读者可对比两种填充的不同效果。

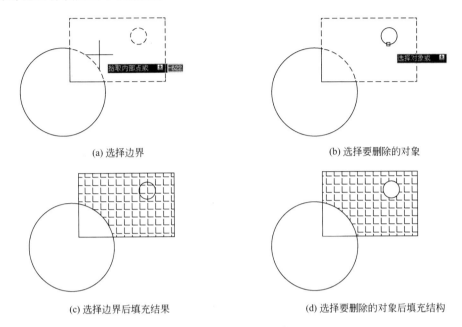

图 4.34 通过删除的方法填充图案

4) 重新创建边界

围绕选定的图案填充或填充对象创建多段线或面域，并使其与图案填充对象相关联（可选）。单击【重新创建边界】时，对话框暂时关闭，命令行将显示提示。

输入边界对象类型［面域(R)/多段线(P)］＜当前＞：（输入 R 创建面域或 P 创建多段线）

是否将图案填充与新边界重新关联？［是(Y)/否(N)］＜当前＞：（输入 Y 或 N）

5) 查看选择集

暂时关闭对话框，并使用当前的图案填充或填充设置显示当前定义的边界。如果未定义边界，则此选项不可用。

选项：控制几个常用的图案填充或填充选项。

(1) 关联。控制图案填充或填充的关联。关联的图案填充或填充在用户修改其边界时将会更新。

(2) 创建独立的图案填充。控制当指定了几个单独的闭合边界时，是创建单个图案填充对象，还是创建多个图案填充对象。

(3) 绘图次序。为图案填充或填充指定绘图次序。图案填充可以放在所有其他对象之后、所有其他对象之前、图案填充边界之后或图案填充边界之前。

(4) 继承特性。使用选定图案填充对象的图案填充或填充特性对指定的边界进行图案填充或填充。HPINHERIT 将控制是由 HPORIGIN 还是由源对象来决定生成的图案填充的图案填充原点。在选定图案填充要继承其特性的图案填充对象之后，可以在绘图区域中单击鼠标右键，并使用快捷菜单在【选择对象】和【拾取内部点】选项之间进行切换以创建边界。

单击【继承特性】按钮时,对话框将暂时关闭,命令行将显示提示。

选择图案填充对象:单击图案填充或填充区域,以选择要将其特性用于新图案填充对象的图案填充。

预览:关闭对话框,并使用当前图案填充设置显示当前定义的边界。单击图形或按Esc键返回对话框。单击鼠标右键或按Enter键接受图案填充或填充。如果没有指定用于定义边界的点,或没有选择用于定义边界的对象,则此选项不可用。

4.3.6 相关知识

通过绘制墙柱,读者会加深对正交命令和捕捉命令的理解,在绘图时如果可以灵活准确的使用征缴和捕捉,将极大地增加绘图的准确性和绘图效率。

打开正交方式的方法有 3 种。

(1) Command:Ortho

Enter mode [ON/OFF] <当前值>:(输入 ON 或 OFF:输入 ON 打开;输入 OFF 关闭)

(2) 按下 F7 按钮,则进行 ON 与 OFF 的转换。

(3) 单击状态栏上的 ORTHO 按钮,也可实现 ON 与 OFF 的转换。

4.4 窗

在建筑平面图中门和窗户的位置具有十分重要的地位,门是人群出入的流动通道,要设计得恰当合理。窗户主要起着通风、透气、采光及装饰的作用,所以窗户的设计也相当重要。绘制门窗这些小构件时,首先要分析这些小构件是否有相同的部分或者对称的部分,如果门、窗大部分是相同的,只需要绘制其中相同的一个就可以用复制命令进行复制,并用移动命令将其移动到准确的位置。

完成墙体的设计之后,即可进行门窗设计。一个房间平面设计考虑是否周到、使用是否方便,门窗的设置是一个重要的因素。门的主要作用是供人出入和联系不同使用空间,有时也兼采光和通风;窗的主要功能是采光和通风,有时也要根据立面的需要决定它的位置和形式。因此,设计门窗时要进行综合考虑、反复推敲,在同时满足功能要求、各工种要求、经济许可的情况下还应注意美观要求。由于我国建筑设计规范对门窗的设计有具体的要求,所以在使用 AutoCAD 设计建筑图形的时候,可以把它们作为标准图块插入到当前图形中,从而避免了大量的重复工作,提高设计效率。因此,在绘制平面图中的门之前,应当首先绘制一些标准门的图块。本节和下一节将分别讲述平面图中窗和门的绘制方法。

4.4.1 学习目标

学习如何在墙中为门窗开洞,并掌握建筑平面图中窗的基本绘制和标注方法,熟练使用【块】命令快速准确地在地图中插入门窗。

4.4.2 实例分析

本例中窗的绘制比较简单,读者主要学习和掌握【块】的设置和使用方法。在墙中要为门窗准确的开洞,需要使用以前学习过的【偏移】命令将轴线偏移到所需的位置,再选择【修剪】命令进行修剪。

4.4.3 操作过程

步骤一:绘图准备

把"门窗"图层设置为当前图层。

步骤二:绘制窗线

命令:Line(或单击【绘图】工具栏中的 / 按钮)

指定第一点:(在绘图区域的左侧拾取一点 a)

指定下一点或 [放弃(U)]:1500(鼠标向右移动,得到 ab 线段)

指定下一点或 [放弃(U)]:180(鼠标向下移动,得到 bc 线段)

指定下一点或 [闭合(C)/放弃(U)]:1500(鼠标向左移动,得到 cd 线段)

指定下一点或 [闭合(C)/放弃(U)]:C(闭合,得到 da 线段)

用【偏移】命令将 ab 线向下偏移 60,将 cd 线向上偏移 60,窗线绘制完毕。如图 4.35 所示。

步骤三:制作窗块

命令:Block

系统弹出【块定义】对话框,如图 4.36 所示,在对话框中作如下设置。

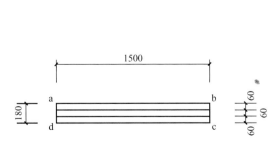

图 4.35 窗

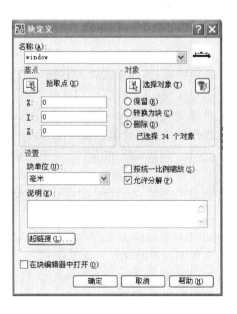

图 4.36 【块定义】对话框

(1) 在【名称】栏里输入块名：window。
(2) 用单击【对象】栏中的【删除】按钮，删除块图形。
(3) 用单击【选择对象】按钮，返回绘图区域选择块的图形，将窗线图形全部选中。
(4) 单击【拾取点】按钮，返回绘图区域选择块的插入点，用单击窗块的左下角顶点 a 作为插入点。
(5) 单击【确定】按钮，完成"window"块的制作。

步骤四：开门窗洞口
1. 偏移轴线
开 C 轴线上的窗洞

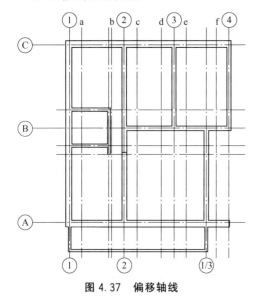

图 4.37 偏移轴线

(1) 把"窗户"图层设置为当前图层。
(2) 偏移垂直轴线。
使用【偏移】（Offset）命令先把①轴线向右偏移 750mm，生成直线 a；然后把轴线②和③轴线分别向左右各偏移 750，再把④轴线向左偏移 750mm，如图 4.37 所示。

2. 修剪墙线
命令：Trim（单击【绘图】工具栏中的 ⊬ 按钮。）
当前设置：投影＝UCS，边＝无选择剪切边…
选择对象或＜全部选择＞：（选择直线 a）找到 1 个。
选择对象：（选择直线 b）找到 1 个，总计 2 个。
选择对象：（选择直线 c）找到 1 个，总计 3 个，
选择对象：（选择直线 d）找到 1 个，总计 4 个，
选择对象：（选择直线 e）找到 1 个，总计 5 个，
选择对象：（选择直线 f）找到 1 个，总计 6 个，
选择对象：＜Enter＞
选择要修剪的对象，或按住 Shift 键选择要延伸的对象，或［栏选(F)/窗交(C)/投影(P)/边(E)/删除(R)/放弃(U)］：（拾取 ab 之间的墙线。）
选择要修剪的对象，或按住 Shift 键选择要延伸的对象，或［栏选(F)/窗交(C)/投影(P)/边(E)/删除(R)/放弃(U)］：（拾取 cd 之间的墙线。）
选择要修剪的对象，或按住 Shift 键选择要延伸的对象，或［栏选(F)/窗交(C)/投影(P)/边(E)/删除(R)/放弃(U)］：（拾取 ef 之间的墙线。）
选择要修剪的对象，或按住 Shift 键选择要延伸的对象，或［栏选(F)/窗交(C)/投影(P)/边(E)/删除(R)/放弃(U)］：＜Enter＞.
结果如图 4.38 所示。
其余门窗洞口可继续采用偏移命令和剪切命令生成，如图 4.39 所示。

第4章 建筑平面图

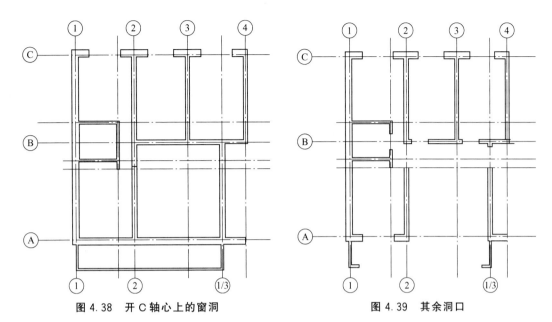

图 4.38 开 C 轴心上的窗洞　　　　图 4.39 其余洞口

步骤五：插入窗块

1. 把"窗户"图层设置为当前层
2. 插入窗户

命令：Insert

系统弹出【插入】对话框，在该对话框的【名称】下拉列表中选择【window】块，其余设置如图 4.40 所示。

完成【插入】对话框的参数设置以后，单击对话框中的【确定】按钮，则命令提示为：

指定插入点或［基点(B)/比例(S)/X/Y/Z/旋转(R)］：（捕捉 1 点，插入一个窗户，如图 4.41 所示）

采用同样的方式，以点 2、3 为插入点，分别插入窗块，结果如图 4.41 所示。

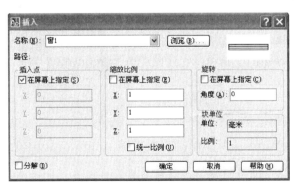

图 4.40 【插入】对话框

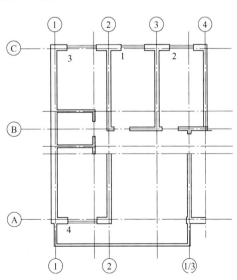

图 4.41 将窗块插入图中适当位置

4.4.4 实例总结

门窗的绘制在土建图纸的绘制当中是比较简单的环节,但由于门窗种类繁多,数量又较多,在具体绘制时也会占用较多时间,为了快速、高效、准确地绘制门窗,最好把一些规范中涉及这些标准图形综合起来,创建一个自己的专业化图库以便使用。

4.4.5 命令详解

1. 块(Block)

CAD 作图中最为有价值的功能之一就是它能对图的某一部分进行反复使用。AutoCAD 中提供了对图块及其详细信息进行存储的命令。这些命令有 Block、WBlock 和 Insert。Block 和 WBlock 命令是用来创建和存储图块的,Insert 命令用来把这些图块插入到图中。下面,让我们来看看怎样使用 Block 和 Insert 命令。

图块是以一个名字标识并合并成单一对象的一组对象的组合,这组对象可以被放置于图中任意位置,并且可以按我们指定的要求进行比例调整和旋转等操作。图块被当作单一对象处理,可以移动或删除。用图块要比反复拷贝同一个对象有效得多,每一次使用 Copy 命令时它都产生一个完整的拷贝,而图块是 CAD 创建唯一的一个备份,减少了图文件的大小,并缩短了显示时间。

1) 创建【块】

使用以下任一种方法创建【块】。

- 在【绘图】工具栏中,单击 按钮。
- 【绘图】下拉菜单中,选择【直线】命令。
- 在"命令:"提示下,输入 Block,并按回车键。

AutoCAD 将显示 BlockDefinition(图块定义)对话框。如图 4.42 所示。

【块定义】对话框要求提供一些信息和选择项。

● 名称:人们必须给图块取名。名字是从一个字母到 255 字符长的单词。AutoCAD 把图块存储在产生该图块的图中。如果给图块所取的名字在当前图中已经存在,AutoCAD 将提出警告:"Blockname is already difined. Do you want to refined it?(块名已经定义过,你想重定义它吗?)"大部分情况下,选择"No"并重新输入名字。然而,有时人们是有意想重定义一个已经存在的图块。也许在第一次创建图块时犯了什么错误或是遗漏了属性定义,这时就要选择"Yes"。

● 图块名列表:如果需要查看图形中已经定义的图块的名字,单击【Name】域的下箭头,Auto-

图 4.42 【块定义】对话框

CAD 就会显示当前图中的图块名。前面带"＊"号的图块名代表的是由 AutoCAD 创建的图块，把它们叫做匿名图块。

● 基点：指定块的插入基点，以便 AutoCAD 知道应以哪个点为基准放置图块。可输入基点的 X、Y、Z 坐标，或选择"Pick"暂时关闭对话框，用户可在当前图形中拾取插入的基点，选点时使用对象捕捉模式，以使选择精确，选择完毕后，对话框重新出现，AutoCAD 自动赋予 X、Y、Z 值。

● 对象：指定新块中要包含的对象，以及创建块之后如何处理这些对象，是保留还是删除选定的对象或者是将它们转换成块实例。

选择对象：暂时关闭【块定义】对话框，允许用户选择块对象，可以使用任何方式进行选择，如 Window 或 Fence。选择对象后，按回车键重新显示【块定义】对话框，并显示选定对象的数目。

快速选择：打开【Quick Select】（快速选择）对话框，可以选择一组对象并把它们转换成图块。

保留：AutoCAD 通常会删除组成图块的对象，而【保留】选项将避免出现此结果。

转换为块：创建块以后，将选定对象转换成图形中的块实例。

删除：创建块以后，从图形中删除选定的对象。

● 设置：对指定的块进行设置。

单位：AutoCAD 常常使图形单位等同于当前图形单位。在这个列表中可以选择另一单位。

按统一比例缩放：指定是否阻止块参照不按统一比例缩放。

允许分解：指定块参照是否可以被分解。

说明：指定块的文字说明。

超链接：打开【插入超链接】对话框，可以使用该对话框将某个超链接与块定义相关联。

在块编辑器中打开：单击【确定】按钮后，在块编辑器中打开当前的块定义。

在给图块取好了名字、选择了插入点和组成成员后，请单击【确定】按钮。AutoCAD 已经创建好了可以用 Insert 命令进行访问的图块。

2）写块

以创建图形文件，用于作为块插入到其他图形中。作为块定义源，单个图形文件容易创建和管理。符号集可作为单独的图形文件存储并编组到文件夹中。

第一种方法：由选定对象创建新图形文件

步骤

打开现有图形或创建新图形。在命令提示下，输入 Wblock，打开【写块】对话框如图 4.43 所示。

在【写块】对话框中选中【对象】单选按钮。

图 4.43 【写块】对话框

要在图形中保留用于创建新图形的原对象，请确保未选中【从图形中删除】选项。如果选择了该选项，将从图形中删除原对象。如果必要，可使用 OOPS 恢复它们。单击【选择对象】按钮。使用定点设备选择要包括在新图形中的对象。按 Enter 键完成对象选择。

在【写块】对话框中的【基点】框下，使用以下方法之一指定该点为新图形的原点。

单击【拾取点】按钮，使用定点设备指定一个点。

输入该点的 X，Y，Z 坐标值。

在【目标】框下，输入新图形的文件名称和路径，或单击【...】按钮显示标准的文件选择对话框。

单击【确定】按钮。

第二种方法：从现有的块定义创建新图形文件

步骤如下所示。

在【修改】菜单中，单击【对象】→【块说明】命令。

在【块定义】对话框的【名称】框中选择要修改的块。

在【名称】框中输入新的名称。

在【说明】框中输入或修改新图形文件的说明。

单击【确定】按钮。

使用 WBlock 命令可以将对象保存到文件或将块转换为文件作为独立的图。执行 WBlock 命令后，AutoCAD 2008 显示 Write Block 对话框，这个对话框跟 Block 命令的对话框非常相似。所不同的是在 WBlock 命令的对话框中多了一个选择，它可以在【Source（源）】域选择写到磁盘上的内容。

来源：指定块和对象，将其保存为文件并指定插入点。

块：指定要保存为文件的现有块。从列表中选择名称。

整个图形：选择当前图形作为一个块。

对象：指定块的基点。默认值是（0，0，0）。

基点：指定块的基点。默认值是（0，0，0）。

拾取点：暂时关闭对话框以使用户能在当前图形中拾取插入基点。也可执行基点的 (X, Y, Z) 坐标。

对象：设置用于创建块的对象上的块创建的效果。

保留：将选定对象保存为文件后，在当前图形中仍保留它们。

转换为块：将选定对象保存为文件后，在当前图形中将它们转换为块。块指定为"文件名"中的名称。

从图形中删除：将选定对象保存为文件后，从当前图形中删除它们。

【选择对象】按钮：临时关闭该对话框以便可以选择一个或多个对象以保存至文件。

【快速选择】按钮：打开【快速选择】对话框，从中可以过滤选择集。

目标：指定文件的新名称和新位置以及插入块时所用的测量单位。

文件名和路径：指定文件名和保存块或对象的路径。

...：显示标准文件选择对话框。

插入单位：指定从 DesignCenter™（设计中心）拖动新文件或将其作为块插入到使用不同单位的图形中时用于自动缩放的单位值。如果希望插入时不自动缩放图形，请选中【无单位】选项。

3）插入块

使用以下任一种方法插入【块】。
- 在【绘图】工具栏中，单击按钮。
- 【插入】下拉菜单中，选择【块】命令。
- 在"命令:"提示下，输入 Insert，并按回车键。

AutoCAD 将显示【插入】对话框，如图 4.44 所示。

图 4.44 【插入】对话框

（1）插入图块。

一个预定义的图块能够以两种方式插入。第一种方式是在【名称】域内输入图块名。第二种方式是单击【名称】域的下拉箭头显示图块名列表，并从中选择一个图块名。

（2）插入图文件。

在当前图中插入整幅图的方式与插入图块的方式相同。可以在紧挨着【浏览】按钮的文本框中输入图文件名，也可以单击【浏览】按钮打开【选择图文件】对话框，然后从对话框的列表中挑选图文件。

（3）插入点。

插入点是图块插入时的参考点。当标识图块的基点时，选择图块将要插入的参考点，以使图块插入图形后插入点和基点保持一致。为了精确放置图块的位置，应使用对象捕捉模式。可以在对话框中输入坐标值或选中【在屏幕上指定】选项来确定图块在图中的插入位置。

（4）缩放比例。

比例因子和旋转角度可以预先设置，也可以在插入的时候输入。如果是预先设置，就不要选中【在屏幕上设定】复选框。当选择该复选框时，比例因子就在插入图块时设定，同时，比例因子区域变成灰色。AutoCAD 使用单位比例因子作为插入图块的缺省值。当然，如果想按不同的比例插入图块，还是可以改变比例因子的。X 和 Y 方向的比例可以相同，也可以不同，可以为正，也可为负。

（5）旋转。

插入图块的角度被指定成当前 AutoCAD 的角度格式。这个角度是相对于绘制该图块的初始方向而言的。可以输入某一点来说明想要的角度大小，这一点将在提示插入点之后立即显示。移动十字光标，一条橡皮带生成线就会在先前设置的插入点和十字光标之间显示。不断移动光标直到橡皮带线表示的角度符合要求。上面提到的两点之间的距离无关紧要,但角度点和插入点的角度决定了图块插入的角度。

(6)分解。

也可以指定图块或图形文件自动炸开(也就是分解)。要做到这一点,选中【分解】复选框,图4.44【插入】对话框左下角,这时,只能对炸开的图块指定唯一的比例因子,它在X、Y、Z方向都适用。

在图中使用图块有以下几个明显的优点。

(1)建立库概念。

多个图块组成的整个库能被重复使用。

(2)节省时间。

使用图块和嵌套式图块(放在其他图块中的图块)是以一些"碎片"建造大型图的非常好的方法。

(3)节约空间

几个重复图块所占用的空间要比同一个实体的多个复制少得多。AutoCAD仅仅只需要存储一组实体的信息,而不是多组实体的信息。块的每一个实例都可以当作实体的参考(图块参考)。图块越大,节约的空间就越多。这在某个图块多次出现时尤为有意义。

(4)属性。

属性是存于图块中的文本记录。这些文本可以设置成可见状态,也可以设置成不可见状态。属性必须附加在图块上。这些属性可以装载入数据库中或电子数据表程序中,或以列表形式打印出来。当某些项目多次出现时,属性在设备管理中非常有用。例如有许多课桌,它们存储为图块并被赋予某些属性,诸如拥有者的姓名、电话号码等。

2. 镜像(Mirror)命令

可以创建一个对象的镜像图像。所镜像的对象穿过一条通过在图形中指定的两点定义的镜像线,如图所示。在镜像一个对象时,可以保留或删除原始对象。可以使用先执行后选择或者先选择后执行的对象选择方式。

要镜像图4.45所示图形,可按下列步骤进行。

(1)使用以下任一种方法运行【镜像】命令。

- 在【修改】工具栏中,单击【镜像】按钮。
- 从【修改】下拉菜单中,选择【镜像】命令。
- 在"命令:"提示下,输入Mirror(或MI),然后按回车键。

AutoCAD提示选择对象。

选择对象:指定对角点:找到4个(框选选择图形,如图所示4.46)

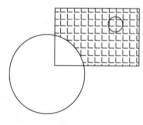

图4.45 要镜像的图形

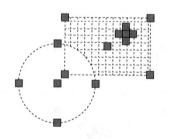

图4.46 选择要镜像的图形

选择对象：<Enter>
指定镜像线的第一点：(用鼠标确定镜像线第一点，如图4.47所示。)

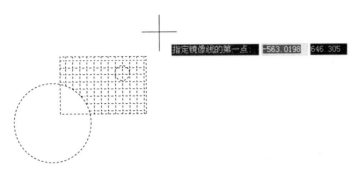

图4.47 指定镜像虚线的第一点

指定镜像线的第二点：(用鼠标确定镜像线第二点，如图4.48所示。)

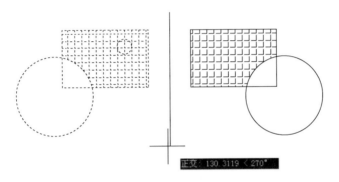

图4.48 指定镜像虚线的第二点

要删除源对象吗？[是(Y)/否(N)]<N>：<Enter>(按回车键保留原始图像)
镜像后的图形如图4.49所示。

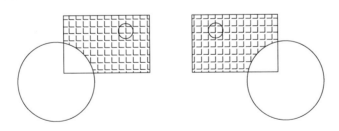

图4.49 镜像后图形(未删除源图形)

提示：在镜像对象时，如果镜像的副本呈垂直或水平状态，打开正交模式十分有效。

(2) 使用夹点镜像对象。

要使用夹点镜像一个对象，首先选择对象，以显示它们的夹点，然后选择夹点使之成为热点，成为镜像线的第一个点，然后转换到【镜像】模式，并指定镜像线的第二个点。

使用夹点镜像对象，可按下列步骤进行。

① 选择要镜像的对象。
② 选择一个所选对象的基础夹点。

③ 输入 MI 转换到【镜像】模式。
④ 按住 Shift 键，并指定镜像线的第二个点。
⑤ 按回车键结束命令。
注意使用夹点镜像时，源对象将被删除，除非还使用【复制】命令。

4.4.6 相关知识

一幢建筑物中，窗的种类、数量可能很多，也可能很单一，但是其主要功能都是采光和通风。因此，窗的设计主要从以下两方面考虑。

1. 采光

民用建筑一般情况下都要具有良好的天然采光，采光效果主要取决于窗的大小和位置。使用性质不同的房间对采光要求也不同，在具体设计过程中既要满足房间使用性质的要求，又要结合具体情况，如当地气候、室外遮挡情况、建筑立面要求等，综合确定窗的面积。窗的平面位置，主要影响到房间沿外墙方向来的照度是否均匀、有无暗角和眩光。窗的位置要使进入房间的光线均匀和内部家居布置方便。中小学教室在一侧采光的条件下，窗户应位于学生左侧，窗间墙的宽度从照度均匀考虑一般不宜过大，不应超过1200mm，以保证室内光线均匀。

2. 通风

建筑物室内的自然通风，除了和建筑朝向、间距、平面布局等因素有关外，房间中的窗位置对室内通风效果的影响也很关键，通常利用房间两侧相对应的窗户或门窗之间组织穿堂风，门窗的相对位置采用对面通直布置时，室内气流通畅。而教室通常在靠走廊一侧开设高窗，以调节出风通路，改善教室室内的通风条件。

根据《建筑制图标准》（GB/T 50104—2001），窗的形式有 10 多种，如单层固定窗、单层外开平开窗、立转窗、百叶窗等，其平面表示方法也各有变化，因此必须按照不同类型窗的平面表示建立不同类型的图块。

本例中共有 16 扇窗户，不过结构形式只有一种，即单层外开平开窗，只是尺寸不同而已，有 12 扇 2100mm 宽、2 扇 2000mm 宽、1 扇 4200mm 宽、1 扇 4800mm 宽的单层外开平开窗。因此，绘制出一扇基本的窗并制成图块，再按照一定的比例和旋转角度把相应的块插入到图形的相应位置即可。

4.5 门

完成墙体的设计之后，即可进行门窗设计。一个房间平面设计考虑是否周到、使用是否方便，门窗的设置是一个重要的因素。门的主要作用是供人出入和联系不同使用空间，有时也兼采光和通风；窗的主要功能是采光和通风，有时也要根据立面的需要决定它的位置和形式。因此，设计门窗时要进行综合考虑、反复推敲，在同时满足功能要求、各工种要求、经济许可的情况下还应注意美观要求。

由于我国建筑设计规范对门窗的设计有具体的要求，所以在使用 AutoCAD 设计建筑图形的时候，可以把它们作为标准图块插入到当前图形中，从而避免了大量的重复工作，提高设计效率。因此，在绘制平面图中的门之前，应当首先绘制一些标准门的图块。

4.5.1 学习目标

学习并掌握建筑平面图中进户门和卫生间蹲位门的基本绘制和标注方法，进一步熟悉【块】命令的使用方法。

4.5.2 实例分析

平面图 4.1 为某家属楼的一个单元，一梯两户布置，每一户有 6 扇门，1 扇为单扇平开进户门（M3），宽 1000mm，1 扇为卫生间蹲位门（M2），宽 700mm，其余 4 扇为宽 900mm 的普通单扇平开门（M1）。将不同的门绘制好并制成图块，再按照一定的比例和旋转角度把相应的块插入到图形的相应位置即可。

4.5.3 操作过程

步骤一：绘制进户门（M3）

选择【直线】、【矩形】、【圆弧】等命令绘制宽度为 1000mm、厚度为 45mm 的房间主门。

(1) 选择【矩形】命令绘制门框，如图 4.50 所示。

命令：Rectang
指定第一个角点或 [倒角(C)/标高(E)/圆角(F)/厚度(T)/宽度(W)]：(点取一点 A)
指定另一个角点或 [尺寸(D)]：D
指定矩形的长度 <0>：45(输入门的厚度)
指定矩形的宽度 <0>：1000(输入门的宽度)
指定另一个角点或 [尺寸(D)]：(在适当位置点取一点 B)

(2) 选择【圆弧】命令绘制门弧线，如图 4.51 所示。

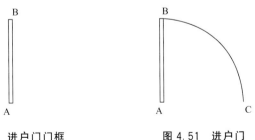

图 4.50　进户门门框　　　　图 4.51　进户门

命令：Arc
指定圆弧的起点或 [圆心(C)]：(选择 B 点为圆心)
指定圆弧的第二个点或 [圆心(C)/端点(E)]：C
指定圆弧的圆心：(选择 A 点为圆心)

指定圆弧的端点或［角度(A)/弦长(L)］：A
指定包含角：－90
步骤二：绘制卫生间蹲位门(图 4.52)

(1) 使用【直线】命令，捕捉门洞端点绘制垂直线段，如图 4.53(a)所示。

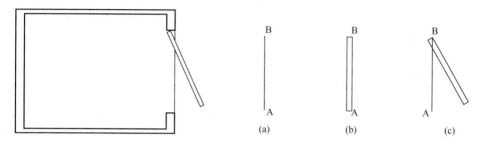

图 4.52　卫生间蹲位门　　　　图 4.53　卫生间蹲位门绘制步骤

命令：Line 指定第一点：(在适当位置点取一点 B)
指定下一点或［放弃(U)］：700
指定下一点或［放弃(U)］：<Enter>

(2) 使用【矩形】命令，绘制一个矩形框，表示门扇，如图 4.53(b)所示。

命令：Rectang
指定第一个角点或［倒角(C)/标高(E)/圆角(F)/厚度(T)/宽度(W)］：(选择 B 点为矩形的一个端点。)
指定另一个角点或［面积(A)/尺寸(D)/旋转(R)］：d
指定矩形的长度 <10>：－45
指定矩形的宽度 <10>：700
指定另一个角点或［面积(A)/尺寸(D)/旋转(R)］：

(3) 将绘制好的矩形门扇旋转至适当位置，如图 4.53(c)所示。

命令：Rotate
UCS 当前的正角方向：ANGDIR＝逆时针　　ANGBASE＝0
找到 1 个
指定基点：(选择 B 点作为基点)
指定旋转角度，或［复制(C)/参照(R)］<30>：30

其余房间门(M1)的画法与进户门(M3)基本相同，仅尺寸略有差别，不再详述。

步骤三：将绘制好的进户门和卫生间蹲位门定义为块后，插入平面图中的相应位置，如图 4.54 所示。

4.5.4　相关知识

由于平面图一般采用 1∶50、1∶100、1∶200 的比例绘制，各层平面图中的楼梯、门窗、卫生设备等都不能按照实际形状画出，均采用"国标"规定的图例来表示，而相应的具体构造用较大比例的详图表达。

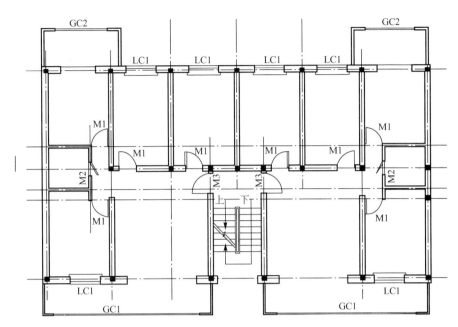

图 4.54 将门插入平面图中

门窗除用图例表示外,还应进行编号以区别不同规格、尺寸。用 M、C 分别表示门、窗的代号,后面的数字为门窗的编号,如 M1、M2…,C1、C2…。同一编号的门窗,其尺寸、形式、材料等都一样。

一幢建筑物中,门的种类、数量可能很多,也可能很单一,这主要是根据建筑空间的使用功能而定的。门的设计主要涉及以下几个方面。

1. 宽度

门的宽度一般由人流多少和搬运家具设备时所需要的宽度来确定。单股人流通行最小宽度一般根据人体尺寸定为 550~600mm,所以门的最小宽度为 600~700mm,如住宅中的厕所、卫生间门等。大多数房间的门必须考虑到一人携带物品通行,所以门的宽度为 900~1000mm。学校的教室,由于使用人数较多可采用 1000mm 宽度的门。

2. 数量

门的数量根据房间人数的多少、面积的大小以及疏散方便程度等因素决定。防火规范中规定,当一个房间面积超过 $60m^2$,且人数超过 50 人时,门的数量要有两个,并分设在两端,以利于疏散。位于走道尽端的房间由最远一点到房间门口的直线距离不超过 14m,且人数不超过 80 人时,可设一个向外开启的门,但门的净宽不应小于 1.4m。

3. 位置

门的位置恰当与否直接影响到房间的使用,所以确定门的位置时要考虑到室内人流活动的特点和家居布置的要求,考虑到缩短交通路线,争取室内有较完整的空间和墙面,同时还要考虑到有利于组织采光和穿堂风。

4. 开启方式

门的开启方式类型很多,如普通平开门、双向自由门、转门、推拉门、折叠门等,在民用建筑中用的最普遍的是普通平开门。平开门分外开和内开两种,对于人数较少的房间,一般要求门向房间内开启,以免影响走廊的交通,如住宅、宿舍、办公室等。使用人数较多的房间,如会议室、礼堂、教室等,考虑疏散的安全,门应开向疏散方向。

4.6 楼 梯

4.6.1 学习目标

学习建筑图中楼梯的基本绘制方法。

4.6.2 实例分析

本例中的楼梯为合分式双跑平行楼梯,第一个梯段在中间,梯段宽 2.7m,第二梯段分别在第一梯段的两侧,梯段宽 1.65m。楼梯间在⑤、⑥轴线和 E、F 轴线之间,开间 2.7m,进深均为 5.7m,楼梯间墙厚 240mm,踏步高度为 150mm,宽度为 300mm。楼梯平面图如图 4.55 所示,其绘制步骤如下。

楼梯图形状比较规则,用【阵列】命令可以方便准确的绘制,楼梯上下的方向线可以用【多线】命令绘制,梯井可以用【矩形】命令绘制外线、【偏移】命令生成内线。

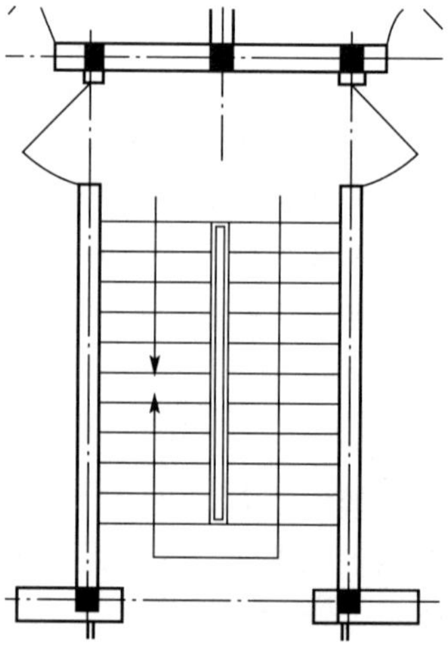

图 4.55 平面图楼梯

4.6.3 操作过程

步骤一:绘制楼梯线

用【直线】命令绘制一条楼梯线

命令:Line(单击【绘图】工具栏中的 按钮,开始绘制垂直轴线)

指定第一点:(在绘图区域的适当位置拾取一点)

指定下一点或[放弃(U)]:1150(鼠标向右移动,输入线段长度1150mm)

指定下一点或[放弃(U)]:<Enter>。

步骤二:阵列楼梯线

命令:Array(单击【绘图】工具栏中的 按钮,弹出【阵列对话框】,如图 4.56 所示,在对话框中单击【选择对象】按钮 ,回到绘图区,选取刚才所画直线)

选择对象:找到1个(回到【阵列对话框】,设置如图 4.56)

选择对象:<Enter>(阵列后图形如图 4.57 所示)

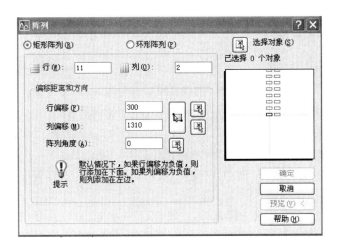 

图 4.56　阵列设置　　　　　　　图 4.57　阵列楼体线

步骤三：绘制梯井

用【矩形】命令绘制梯井外侧线。

命令：Rectang(单击【绘图】工具栏中的 ▭ 按钮)

指定第一个角点或 [倒角(C)/标高(E)/圆角(F)/厚度(T)/宽度(W)]：(用鼠标捕捉 a 点)

指定另一个角点或 [面积(A)/尺寸(D)/旋转(R)]：(用鼠标捕捉 a 点，绘出梯井外侧线如图 4.58 所示)

用【偏移】命令绘制梯井内侧线。

命令：Offset

当前设置：删除源＝否　图层＝源　OFFSETGAPTYPE＝0

指定偏移距离或 [通过(T)/删除(E)/图层(L)] <100>：50

选择要偏移的对象，或 [退出(E)/放弃(U)] <退出>：(用鼠标选取梯井外线)

指定要偏移的那一侧上的点，或 [退出(E)/多个(M)/放弃(U)] <退出>：(在梯井内侧拾取一点)

选择要偏移的对象，或 [退出(E)/放弃(U)] <退出>：<Enter>

绘制好的梯井如图 4.59 所示。

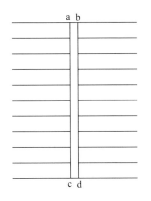 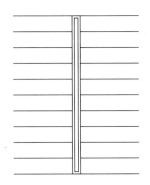

图 4.58　绘制梯井外框线　　　　图 4.59　偏移生成梯井内框线

步骤四：绘制楼梯标记

用【多段线】命令绘制楼梯标记。

命令：Pline

指定起点：(捕捉楼梯线的中点 a 点)

当前线宽为 0

指定下一个点或［圆弧(A)/半宽(H)/长度(L)/放弃(U)/宽度(W)］：W

指定起点宽度＜0＞：(设置箭头端部宽度)

指定端点宽度＜0＞：60(设置箭头尾部宽度)

指定下一个点或［圆弧(A)/半宽(H)/长度(L)/放弃(U)/宽度(W)］：(打开正交开关，用鼠标选取 b 点)

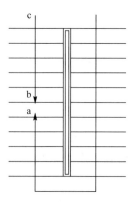

图 4.60　绘制楼梯标记

指定下一点或［圆弧(A)/闭合(C)/半宽(H)/长度(L)/放弃(U)/宽度(W)］：W

指定起点宽度＜60＞：0.3

指定端点宽度＜0＞：0.3

指定下一点或［圆弧(A)/闭合(C)/半宽(H)/长度(L)/放弃(U)/宽度(W)］：(用鼠标选取 c 点)

指定下一点或［圆弧(A)/闭合(C)/半宽(H)/长度(L)/放弃(U)/宽度(W)］：＜Enter＞

另外一条标记线可用相同的方法绘制。绘制好的图形如图 4.60 所示。

将图所示所有图形设置成块，插入平面图中适当位置，如图 4.55 所示。

4.6.4　实例总结

楼梯平面图看起来复杂，但仔细观察后用适当命令绘制，就会非常简单，比如踏步线的绘制就有很多种方法，可以复制或偏移，但都没有阵列快速准确，因此，选用适当命令绘图非常重要。

在绘制楼梯剖断线的箭头时，可以使用两种方法来绘制，一种是使用 Line 命令绘制出箭头的形状，然后对绘制的箭头轮廓线进行填充；另一种是使用 Pline 命令绘制箭头，只需注意设置起点和终点不同的宽度。

绘制楼梯起跑方向线和剖断线，此时应注意上下行方向及起止楼段。用户可将剖断线和楼梯方向箭头做出图块以备调用。

4.6.5　命令详解

1. 阵列(Array)

可以按矩形或环形图案复制对象，创建一个阵列。在创建矩形阵列时，通过指定行、列的数量以及它们之间的距离，可以控制阵列中副本的数量。在创建一个环形阵列时，可以控制阵列中副本的数量以及是否旋转副本。可以使用"先执行后选择"或者"先选择后执行"对象选择方式。

（1）要创建一个环形阵列，可按下列步骤进行。

创建环形阵列，如图 4.61 所示，选择对象，指定阵列中心点，然后指定阵列数目和填充角度。

① 使用以下任一种方法运行【阵列】命令。

● 在【修改】工具栏中，单击【阵列】按钮。

● 从【修改】下拉菜单中，选择【阵列】命令。

● 在"命令:"提示下，输入 Array（或 AR），然后按回车键。

AutoCAD 提示选择对象。

② 选择要进行阵列的对象。

AutoCAD 提示如下。

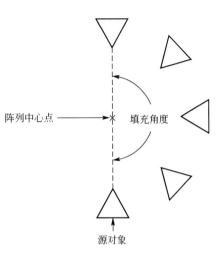

图 4.61 环形阵列

输入阵列类型［矩形(R)/环形(P)］：P

③ 输入 P(对应于【环形】命令)，并按回车键；或单击右键，从快捷菜单中选择【环形】命令。

AutoCAD 提示如下。

指定阵列中心点：

④ 指定阵列的中心点。

AutoCAD 提示如下。

输入阵列中项目的数目：

⑤ 指定阵列中项目的数目，包括源对象。

AutoCAD 提示如下。

指定填充角度(＋＝逆时针，－＝顺时针)＜360＞：

⑥ 指定填充阵列的角度，从 0°到 360°。

默认的角度设置是 360。正角度值创建一个逆时针方向的阵列，负角度值创建一个顺时针方向的阵列。

AutoCAD 提示如下。

是否旋转阵列中的对象？［是(Y)/否(N)］＜Y＞：

⑦ 按回车键，在阵列对象时，旋转该对象；或输入 N 并按回车键，在阵列对象时维持原始方向。

提示：在 AutoCAD 提示指定阵列的中心点时，尽管在提示中没有出现，但是可以输入 B，选择【基点】命令。随后在指定阵列的中心点之前，可以指定要阵列的对象的基准点。

注意：AutoCAD 提供的另一种创建环形阵列的方式并没有出现在命令提示中。在 AutoCAD 提示指定阵列的类型时，可以键入 C 创建一个环形阵列。该方式不指定项目数目和填充角度，而是指定项目间的角度以及项目数或者填充角度，以此决定阵列中副本的数目。另外，其默认选项不是旋转被阵列的对象。同样地，尽管基点选项没有出现在命令提示中,在 Auto CAD 提示指定阵列中心点时,可以输入 B,首先指定要复制对象的基准点。

(2)要创建一个矩形阵列,如图 4.62 所示,可按下列步骤进行。

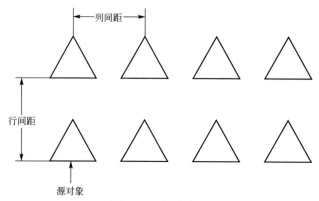

图 4.62 矩形阵列

创建矩形阵列,选择对象,指定行数、列数,并指定它们之间的距离。

① 使用以下任一种方法。
- 在【修改】工具栏中,单击【阵列】按钮。
- 从【修改】下拉菜单中,选择【阵列】命令。
- 在"命令:"提示下,输入 Array(或 AR),然后按回车键。

AutoCAD 提示选择对象。

② 选择要阵列的对象,然后按回车键。

AutoCAD 提示如下。

输入阵列类型 [矩形(R)/环形(P)] <R>:R

③ 输入 R(对应于【矩形】命令),并按回车键,或单击右键从快捷菜单中选择【矩形】命令。

AutoCAD 提示如下。

输入行数(⋯)<1>:2

④ 输入行数。

AutoCAD 提示如下。

输入列数(|||)<1>:4

⑤ 输入列数。

AutoCAD 提示如下。

输入行间距或指定单位单元(⋯):

⑥ 指定行间距。

AutoCAD 提示如下。

指定列间距(||||):

⑦ 指定列间距。

注意:通过指定两个点可以只用一步操作确定行和列之间的间距。这就是所谓的单位单元。两点间的垂直距离确定了行间距,两点间的水平距离确定了列间距。

2. 控制阵列中实体的最大数

AutoCAD 2008 包括一个非文档变量,可以控制在阵列中创建的实体的最大数。不像其他系统变量，MaxArray 保存在 Windows 的系统注册表中，而且不能使用 SETVAR 命令进行存取，只能使用 AutoLISP 函数进行存取。要查看当前值，在命令行中输入（getenv "MaxArray"）。注意，其变量名大小写是敏感的，初始值为 100000。

要修改 MaxArray 的值，必须使用下面的命令格式：（setenv "MaxArray" "value"）此处的"value"为实际的值。例如，要将 MaxArray 的值修改为 500000，应在命令行中输入（setenv "MaxArray" "500000"）。注意，如果 MaxArray 的值设置得比默认值大，可能会降低 AutoCAD 的运行性能。

> **提示**：在创建一个矩形阵列时，行和列将与当前的捕捉旋转角度对齐。要创建一个旋转的矩形阵列，可以修改这个角度，然后创建矩形阵列。

4.6.6 相关知识

楼梯是建筑中常用的垂直交通设施，楼梯的数量、位置以及形式应满足使用方便和安全疏散的要求，注重建筑环境空间的艺术效果。设计楼梯时，还应使其符合《建筑设计防火规范》和《建筑楼梯模数协调标准》等其他有关单项建筑设计规范的要求。

根据楼梯平面形式的不同，楼梯可分为单跑直楼梯、双跑直楼梯、双跑平行楼梯、三跑楼梯、双分平行楼梯和弧形楼梯等。楼梯的绘制方法并不难，只需在楼梯间墙体所限制的区域内按设计位置的投影绘制即可，其主要设计因素是楼梯的坡度、踏步尺寸和形式等。

供日常主要交通用的楼梯梯段净宽应根据建筑物使用特征，一般按每股人流宽为 0.55m+（0~0.15）m 的人流股数确定，并不应少于两股人流。楼梯应至少于一侧设扶手，梯段净宽达 3 股人流时应两侧设扶手，达 4 股人流时应加设中间扶手。梯段改变方向时，平台扶手处的最小宽度不应小于梯段净宽。每个梯段的踏步一般不应超过 18 级，亦不应少于 3 级。楼梯踏步的宽度 b 和高度 h 的关系应满足：$2h+b=600\sim620mm$。楼梯平台上部及下部过道处的净高不应小于 2m。梯段净高不应小于 2.20m。

4.7 尺寸及文本标注

尺寸标注是建筑施工图的主要部分，它是现场施工的主要依据。利用 AutoCAD 提供的尺寸标注功能，可以方便地解决施工图中的尺寸标注问题。

建筑平面图标注尺寸主要分定位和定量两种尺寸，定位尺寸主要是说明某建筑构件与定位轴线的距离，而定量尺寸则说明这个建筑构件的大小。一般情况下，建筑平面图主要标注在墙体外围的有三道尺寸，即总尺寸、轴线（或墙体）尺寸和门窗详细尺寸，同时内部往往也需要标注纵横向的墙体厚度、房屋净宽和其他必要的尺寸。

根据相关建筑制图规范，在尺寸标注时需要遵守以下几点规定。

- 尺寸标注一般以毫米为单位，当使用其他单位来标注尺寸时需要注明所采用的尺寸单位。
- 施工图上标注的尺寸是实际的设计尺寸。
- 尺寸标注不能重复，每一部分只能标注一次。
- 标注尺寸的所有汉字要遵循规范的要求，采用仿宋体。数字采用阿拉伯数字，有一些部分(如剖切面)可以采用罗马数字。

● 标注有时要符合用户所在设计单位的习惯。

4.7.1 学习目标

学习土建图纸尺寸的标注方法。

4.7.2 实例分析

图 4.63 所示为某一住宅楼标准层建筑平面图,左右对称、上下不对称,因此需要在 3 个方向进行尺寸标注。外部应标注 3 道尺寸,最外面一道是总尺寸,标注房屋的总长、总宽。中间一道是轴线尺寸,标注房间的开间和进深尺寸,是承重构件的定位尺寸。最里一道是细部尺寸,标注外墙门窗洞、窗间墙尺寸,这道尺寸应从轴线注起。此外还应将门窗编号进行相应标注。

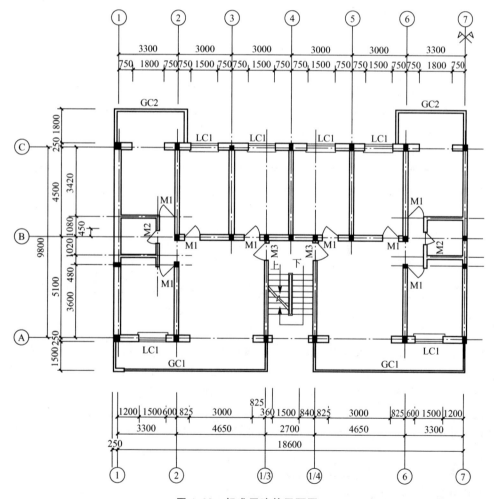

图 4.63 标准层建筑平面图

4.7.3 操作过程

尺寸标注前应首先设置尺寸标注样式，标注样式的设置包括线条和箭头、文字、调整、主单位、换算单位和公差 6 个方面。建筑平面图的标注，主要对线条和箭头、文字、主单位这 3 项进行设置，其余的均采用默认设置。

单击【标注】工具栏上的按钮，弹出"标注样式管理器"对话框，从中新建并设置一个新的标注样式"建筑平面图"，然后单击【置为当前】按钮设为当前标注样式。关于标注样式的具体设置，将在命令详解中详细介绍。

打开"尺寸标注"图层作为当前图层。

步骤一：用【线性标注】命令绘制尺寸线

命令：Dimlinear(单击【绘图】工具栏中的 按钮)

指定第一条尺寸界线原点或＜选择对象＞：(用鼠标捕捉 1 号轴线的端点)

指定第二条尺寸界线原点：(用鼠标捕捉 7 号轴线的端点)

指定尺寸线位置或［多行文字(M)/文字(T)/角度(A)/水平(H)/垂直(V)/旋转(R)］：(在适当的位置拾取一点)

标注文字＝18600

步骤二：用线性标注命令和连续标注命令绘制多条连续尺寸线

命令：Dimlinear(单击【绘图】工具栏中的 按钮)

指定第一条尺寸界线原点或＜选择对象＞：(捕捉 1 号轴线的端点)

指定第二条尺寸界线原点：(用鼠标捕捉 2 号轴线的端点)

指定尺寸线位置或［多行文字(M)/文字(T)/角度(A)/水平(H)/垂直(V)/旋转(R)］：(在适当的位置拾取一点)

标注文字＝3300

命令：Dimcontinue(连续标注命令)

指定第二条尺寸界线原点或［放弃(U)/选择(S)］＜选择＞：(用鼠标捕捉 1/3 号轴线的端点)

标注文字＝4650

指定第二条尺寸界线原点或［放弃(U)/选择(S)］＜选择＞：(用鼠标捕捉 1/4 号轴线的端点)

标注文字＝2700

指定第二条尺寸界线原点或［放弃(U)/选择(S)］＜选择＞：(用鼠标捕捉 6 号轴线的端点)

标注文字＝4650

指定第二条尺寸界线原点或［放弃(U)/选择(S)］＜选择＞：(用鼠标捕捉 7 号轴线的端点)

标注文字＝3300

指定第二条尺寸界线原点或［放弃(U)/选择(S)］＜选择＞：＜Enter＞。

选择连续标注：＜Enter＞

第三道门窗尺寸线可按此方法绘出。

步骤三：标注轴线编号

1. 轴号基本轮廓线

命令：Circle

指定圆的圆心或 ［三点(3P)/两点(2P)/相切、相切、半径(T)］：

指定圆的半径或 ［直径(D)］：400 ＜Enter＞

2. 定义块属性

选择【绘图】→【块】→【定义属性】命令，弹出【属性定义】对话框，如图 4.64 所示，属性和文字选型如图设置，单击确定，回到绘图区，用捕捉将标记"轴1"字样插入在圆中间，如图 4.65 所示。

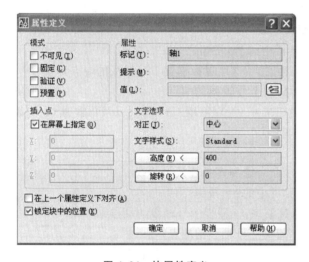

图 4.64　块属性定义

图 4.65　将标记"轴1"字样插入在圆中间

命令：WBlock(打开【写块】对话框如图 4.66 所示)

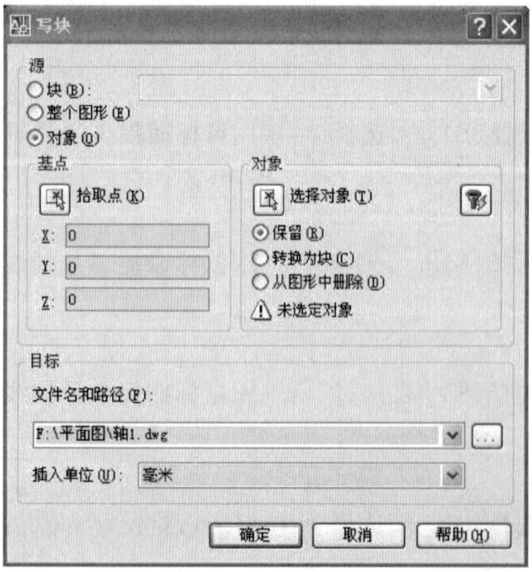

选择对象：指定对角点：找到 2 个(单击【选择对象】按钮回到图形界面用鼠标框选图 4.65)

选择对象：＜Enter＞

指定插入基点：(点击【拾取点】按钮后回到图形截面用鼠标捕捉圆的一个象限点 a，如图 4.67 所示。此时【写块】对话框显示拾取点的坐标，如图 4.68 所示)

3. 插入块

命令：Insert(单击 按钮，弹出【插入】对话框，如图 4.69 所示，单击【确定】按钮回到图形截面。)

指定插入点或 ［基点(B)/比例(S)/X/Y/Z/旋转(R)］：(用鼠标捕捉 1 号轴线的端点。)

图 4.66　【写块】对话框

输入属性值

轴1：1(输入①号轴线编号，如图4.70所示。)

图4.67 用鼠标捕捉圆的
一个象限点a

图4.68 选择插入基点后的【写块】对话框

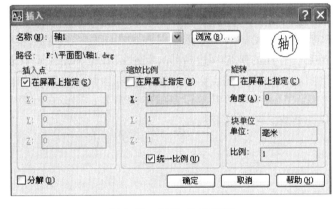

图4.69 【插入】对话框

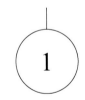

图4.70 1号轴线标注

命令：Insert(重复插入块命令。)

指定插入点或［基点(B)/比例(S)/X/Y/Z/旋转(R)］：(用鼠标捕捉②号轴线的端点。)

输入属性值

轴1：2(输入②号轴线编号)

重复此命令绘出剩余轴线编号。对于水平轴线，最好单独设置块，并将圆的相应象限点设为插入点。

步骤四：文字标注

在命令行输入【多行文字】命令Mtext，或者在【绘图】工具栏中单击【多行文字】

按钮，则命令提示为。

命令：Mtext

当前文字样式："Standard" 当前文字高度：400

指定第一角点：（用鼠标在需要书写文字的区域拾取恰当一点）

指定对角点或[高度(H)/对正(J)/行距(L)/旋转(R)/样式(S)/宽度(W)]：（用鼠标拖出一个如图所示的矩形框，这个矩形框表示所输入的文本就在该矩框的范围内，主要是指文本的单行长度，当文本的单行长度已经达到了矩形的边界，则文本会自动换行）

拖出矩形框之后，系统弹出【文字格式】对话框，如图4.71所示，设置文本的字体、高度等参数后，输入需要的文本内容后单击【确定】按钮即可。

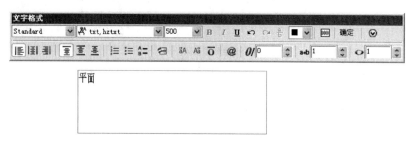

图4.71 【文字格式】对话框

4.7.4 实例总结

由于AutoCAD的尺寸标注功能是半自动的，尺寸数字是量测得出的，通常尺寸标注又是与标注实体相关联的，如选择某一标注的矩形一边拉伸，尺寸线被拉伸出来而标注数字变为新度量到的值，因此要求绘图和捕捉标注基点必须精确。在标注尺寸过程中，既要考虑将来建筑施工的需要，也要考虑水、暖和电等其他设备施工的需要，不能只顾眼前工作。尺寸标注要遵守相关国家规范的要求，不能随意标注。

4.7.5 命令详解

1. 尺寸标注

标注是向图形中添加测量注释的过程。用户可以为各种对象沿各个方向创建标注。基本的标注类型包括线性、径向（半径和直径）、角度、坐标、弧长等。线性标注可以是水平、垂直、对齐、旋转、基线或连续。图中4.72列出了几种示例。

土建标注具有以下几种独特的元素：尺寸数字、尺寸线、尺寸起止符号和尺寸界线，如图4.73所示。

1) 尺寸界线

也称为投影线，从部件延伸到尺寸线。

尺寸界线应用细实线绘制，一般应与被注长度垂直，其一端应离开图样轮廓线不小于2mm，另一端宜超出尺寸线2～3mm。图样轮廓线可用作尺寸界线，如图4.74所示。

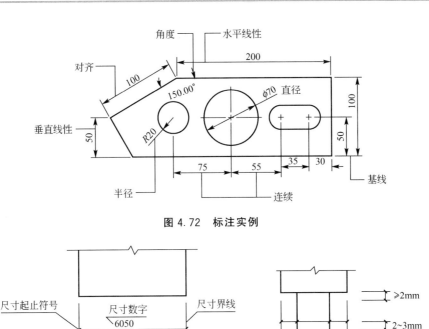

图 4.72 标注实例

图 4.73 标注元素

图 4.74 尺寸界线

2) 尺寸数字

是用于指示测量值的字符串。文字还可以包含前缀、后缀和公差。

尺寸数字一般应依据其方向注写在靠近尺寸线的上方中部。如没有足够的注写位置，最外边的尺寸数字可注写在尺寸界线的外侧，中间相邻的尺寸数字可错开注写，如图 4.75 所示。

3) 尺寸线

用于指示标注的方向和范围。对于角度标注，尺寸线是一段圆弧。

4) 尺寸起止符号

也称为终止符号，显示在尺寸线的两端。

互相平行的尺寸线，应从被注写的图样轮廓线由近向远整齐排列，较小尺寸应离轮廓线较近，较大尺寸应离轮廓线较远。总尺寸的尺寸界线应靠近所指部位，中间的分尺寸的尺寸界线可稍短，但其长度应相等，如图 4.76 所示。

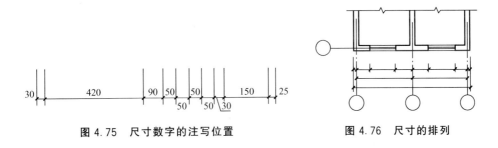

图 4.75 尺寸数字的注写位置

图 4.76 尺寸的排列

2. 线性标注

概念

线性标注可以水平、垂直或对齐放置。使用对齐标注时，尺寸线将平行于两尺寸界线原点之间的直线。基线标注和连续标注是一系列基于线性标注的连续标注。创建线性标注时,可以修改文字内容、文字角度或尺寸线的角度。

操作步骤:

使用以下任一种方法运行【线性标注】命令,对图 4.77(a)中 ab 线段进行标注。

● 在【标注】工具栏中,单击 ⊢ 按钮。
●【标注】下拉菜单中,选择【线性】命令。
● 在"命令:"提示下,输入 Dimlinear,并按回车键。

AutoCAD 提示如下。

命令:Dimlinear

指定第一条尺寸界线原点或 <选择对象>:[选择 a 点,如图 4.77(a)所示。]
指定第二条尺寸界线原点:[指定点 b,如图 4.77(b)所示。]
指定尺寸线位置或 [多行文字(M)/文字(T)/角度(A)/水平(H)/垂直(V)/旋转(R)]:
此时移动光标进行水平标注或垂直标注 [图 4.77(c)或(d)]。

标注文字 = 1150(或 1423)

标注好的图形如图 4.77(c)或 4.77(d)所示。AutoCAD 使用指定点定位尺寸线并且确定绘制尺寸界线的方向。

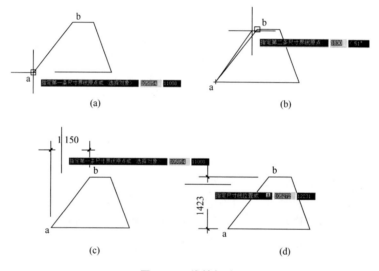

图 4.77 线性标注

多行文字(M):显示文字编辑器,可用它来编辑标注文字。
文字:在命令行自定义标注文字。
角度:修改标注文字的角度。
水平:创建水平线性标注。
垂直:创建垂直线性标注。
旋转:创建旋转线性标注。

3. 对齐标注

概念

可以创建与指定位置或对象平行的标注。在对齐标注中，尺寸线平行于尺寸界线原点连成的直线。

操作步骤：

使用以下任一种方法运行【对齐标注】命令。

- 在【标注】工具栏中，单击 按钮。
- 【标注】下拉菜单中，选择【对齐】命令。
- 在"命令："提示下，输入 Dimaligned，并按回车键。

指定第一条尺寸界线原点或＜选择对象＞：[选择 a 点，如图 4.78(a)所示。]
指定第二条尺寸界线原点：[选择 b 点，如图 4.78(b)所示。]
指定尺寸线位置或 [用鼠标确定尺寸线位置，如图 4.78(c)所示。]
[多行文字(M)/文字(T)/角度(A)]：
标注文字＝5277

标注好的尺寸如图 4.78(d)所示。

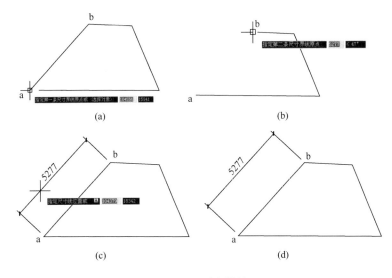

图 4.78 对齐标注

4. 基线标注与连续标注

基线标注是自同一基线处测量的多个标注。连续标注是首尾相连的多个标注。在创建基线或连续标注之前，必须创建线性、对齐或角度标注。可自当前任务的最近创建的标注中以增量方式创建基线标注。基线标注和连续标注都是从上一个尺寸界线处测量的，除非指定另一点作为原点，如图 4.79 所示。

4.7.6 相关知识

平面图上标注的尺寸有外部尺寸和内部尺寸两种，尺寸以 mm 为单位。

外部应标注 3 道尺寸，最外面一道是总尺寸，标注房屋的总长、总宽。中间一道是轴线尺寸，标注房间的开间和进深尺寸，是承重构件的定位尺寸。最里一道是细部尺寸，标

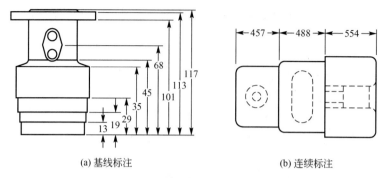

图 4.79　基线标注与连续标注

注外墙门窗洞、窗间墙尺寸,这道尺寸应从轴线注起。如果房屋平面图是对称的,宜在图形的左侧和下方标注外部尺寸,如果平面图不对称,则需在各个方向标注尺寸,或在不对称的部分标注外部尺寸。

内部尺寸应标注房屋内墙门窗洞、墙厚及轴线的关系、柱子截面、门垛等细部尺寸,房间长、宽方向的净空尺寸。底层平面图中还应标注室外台阶、散水等尺寸。

在底层平面图上应画出指北针符号,以表示房屋的朝向。底层平面图上还应画出建筑剖面图的剖切符号及剖面图的编号,以便与剖面图对照查阅。

此外,屋顶平面图附近常配以檐口、女儿墙泛水、雨水口等构造详图,以配合平面图的识读。凡需绘制详图的部位,均应画上详图索引符号,注明要画详图的位置、详图的编号及详图所在图纸的编号。详图符号的圆圈应画成直径 14mm 的粗实线圆。索引符号的圆和水平直径均以细实线绘制,圆的直径一般为 10mm。具体要求参考《房屋建筑制图统一标准》(GB/T 50001—2001)中的相关要求。

本 章 小 结

1. 建筑平面图基本知识

建筑平面图主要反映建筑平面布置、功能等,给出了建筑物的平面主要尺寸及平面功能布局划分、主要建筑部件(如门窗等)的平面位置等。

2. 建筑平面图实例绘图

本章介绍了建筑平面图中主要组成部分的绘制实例,如轴线、墙(柱)、门窗、楼梯等,还介绍了尺寸标注和文字标注。许多部件可保存为图块后重复使用。

3. 建筑平面图绘制基本命令

本章实例中需掌握直线的基本绘制命令,并大量运用了复制、镜像、图块等命令从而提高绘图效率。

习 题

1. 什么是建筑平面图,建筑平面图主要包括哪些内容。

2. 绘制轴线有几种方法，比较各自的优缺点。
3. 绘制墙线主要使用哪些命令，如何用【多线】命令绘制外墙线？
4. 如何用【块】命令快速绘制建筑平面图中的门。
5. 可以使用哪些命令绘制楼梯，哪些命令更加方便快速。
6. 什么是标注？基本的标注类型包括哪些？建筑平面图中是那种标注？
7. 绘制如下图的建筑平面图，并保存为JP.dwg文件。

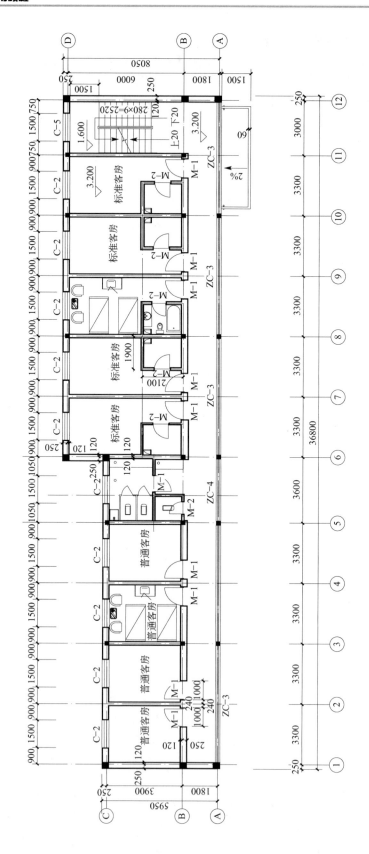

第5章 建筑立面图

教学目标

(1) 掌握建筑立面图绘制基本知识。
(2) 掌握建筑立面图中各主要部件的绘制技巧。

教学要求

知识要点	能力要求	相关知识
建筑立面图基本知识	掌握建筑立面图基本知识和内容	建筑制图知识 建筑制图标准
建筑立面图定位轴线、门窗等的绘制	通过实例掌握建筑立面图中主要组成部分的绘制技巧	AutoCAD 绘图知识
基本绘图命令	掌握建筑立面图绘制中的相关命令	AutoCAD 命令

5.1 建筑立面图基本知识

本章在上一章平面图绘制的基础上学习立面图的绘制方法和过程,结合建筑设计规范和建筑制图要求,通过绘制多层住宅楼立面图,详细介绍建筑立面图的设计和绘制过程,使读者掌握绘制立面图的方法,例如轮廓线的绘制及立面标注等。建筑立面图是在与房屋立面相平行的投影面上所作的正投影图,简称立面图。它主要反映房屋的外貌、立面装修及做法。立面图是设计师表达立面设计效果的重要图纸,是指导施工图的基本依据。

建筑立面图的设计一般是在完成平面图的设计之后进行的。用 AutoCAD 绘制建筑立面图有两种基本方法:传统方法和模型投影法。传统方法是指选定某一投影方向,根据建筑形体的情况,直接利用 AutoCAD 的二维绘图命令绘制建筑立面图。这种绘图方法简单、直观、准确,只需以完成的平面图为基础,但是绘制的立面图是彼此相互分离的,不同方向的立面图必须独立绘制。模型投影法是根据所创建的建筑物外表三维线框模型或实体模型,选择不同视点方向进行观察并进行消隐处理,即得到不同方向的建筑立面图。这种方法的优点是:它直接从三维模型提取二维立面信息,完成建模工作,即可生成任意方向的立面图。本章以传统方法讲述绘制立面图的方法和步骤。一般建筑立面图的绘制步骤如下。

(1) 画室外地坪、两端的定位轴线、外墙轮廓线、屋顶线等。
(2) 根据层高、各部分标高和平面图门窗洞口尺寸,画出立面图中门窗洞、檐口、雨篷、雨水管等细部的外形轮廓。

(3) 画出门扇、墙面分格线、雨水管等细部，对于相同的构造、做法(如门窗立面和开启形式)可以只详细画出其中的一个，其余的只画外轮廓。

(4) 检查无误后加深图线，并注写标高、图名、比例及有关文字说明。

建筑立面图是建筑物不同方向的立面正投影视图。建筑立面图主要表现建筑物的体型和外貌，外墙面的面层材料、色彩，女儿墙的形式，线脚、腰线、勒脚等饰面做法，阳台形式，门窗布置以及雨水管位置等。

1. 命名

房屋有多个立面，通常把反映房屋的主要出入口及反映房屋外貌主要特征的立面图称为正立面图，其余的立面图相应地称为背立面图和侧立面图。有时也可按房屋的朝向来为立面图命名，如南立面图、北立面图、东立面图和西立面图等。有定位轴线的建筑物，一般宜根据立面图两端的轴线编号来为立面图命名，如①~⑨立面图、④~⑤立面图等。立面图是设计师表达立面设计效果的重要图纸，是指导施工图的基本依据。

2. 图示内容

建筑立面图是建筑施工图中的重要图样，也是指导施工的基本依据，其基本内容包括以下几个方面。

(1) 图名、比例。

(2) 立面图两端的定位轴线及其编号。

(3) 室外地面线及建筑物可见的外轮廓线。

(4) 门窗的形状、位置及其开启方向。

(5) 墙面、台阶、雨篷、阳台、雨水管、窗台等建筑构造和构配件的位置、形状、做法等。

(6) 外墙各主要部位的标高及必要的局部尺寸。

(7) 详图索引符号及其他文字说明等。

以上所列内容，可根据具体建筑物的实际情况进行取舍。

其中，房屋外墙面的各部分装饰材料、具体做法、色彩等用指引线引出并加以文字说明，如东、西端外墙为浅红色马赛克贴面，窗洞周边、檐口及阳台栏板边为白水泥粉面等。这部分内容也可以在建筑室内外工程作法说明表中给予说明。

3. 图示特点

1) 比例

立面图的比例通常与平面图相同，常用 1∶50、1∶100、1∶200 的较小比例绘制。

2) 定位轴线

在立面图中一般只画出建筑物两端的轴线及编号，以便与平面图相对照阅读，确定立面图的观看方向。

3) 图线

为了加强立面图的表达效果，建筑平面图中的图线应粗细有别，使建筑物的轮廓突出、层次分明，通常被剖切到的墙、柱等截面轮廓线用粗实线(b)绘制，门扇的开启示意线用中实线(0.5b)，其余可见轮廓线用细实线(0.35b)，尺寸线、标高符合、定位轴线的圆圈、轴线等用细实线和细点划线绘制。其中，b 的大小应根据图样的复杂程度和比例，按《房屋建筑制图统一标准》（GB/T 50001—2001）中的规定选取适当的线宽组，见表 5-1。

表 5-1　线　宽　组

线宽比	线宽组/mm					
b	2.0	1.4	1.0	0.7	0.5	0.35
0.5b	1.0	0.7	0.5	0.35	0.25	0.18
0.35b	0.7	0.5	0.35	0.25	0.18	

当绘制较简单的图样时，可采用两种线宽的线宽组，其线宽比值宜为 b：0.25b。

4）图例

由于比例小，按投影很难将所有细部都表达清楚，如门、窗等都是用图例来绘制的，且只画出主要轮廓线及分格线，门窗框用双线。常用构造及配件图例可参阅相关的建筑制图书籍或国家标准。

5）尺寸和标高

立面图高度方向的尺寸主要是用标高的形式标注，主要包括建筑物室内外地坪、各楼层地面、窗台、门窗洞顶部、檐口、阳台底部、女儿墙压顶及水箱顶部等处的标高尺寸。在所标注处画一水平引出线，标高符号一般画在图形外，符号应大小一致，整齐排列在同一铅垂线上。必要时为了更清楚起见，可标注在图内，如楼梯间的窗台面标高。标高符号应以直角等腰三角形表示，注法及形式如图 5.1 所示。若建筑立面图左右对称，标高应标注在左侧，否则两侧均应标注。立面图上水平方向一般不标注尺寸，但有时需注出无详图的局部尺寸。

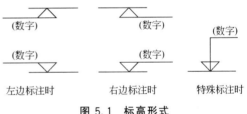

图 5.1　标高形式

标高符号的尖端应指至被注高度处。尖端一般应向下，也可向上。标高数字应注写在标高符号的左侧或右侧，如图 5.2 所示。标高数字应以米为单位，注写到小数点以后第三位。在总平面图中，可注写到小数字点以后第二位。零点标高应注写成±0.000，正数标高不注"＋"，负数标高应注"－"，例如 3.000、－0.600。在图样的同一位置需表示几个不同标高时，标高数字也可按图 5.3 的形式注写。

图 5.2　标高的指向　　　　　图 5.3　同一位置注写多个标高数字

6）详图索引符号

为了反映建筑物的细部构造及具体作法，常配以较大比例的详图，并用文字和符号加以说明。凡需绘制详图的部位，均应画上详图索引符号。图样中的某一局部或构件，如需另见详图，应以索引符号索引［图 5.4(a)］。索引符号是由直径为 10mm 的圆和水平直径组成,圆及水平直径均应以细实线绘制。索引符号应按下列规定编写。

(1) 索引出的详图,如与被索引的详图同在一张图纸内,应在索引符号的上半圆中用阿拉伯数字注明该详图的编号,并在下半圆中间画一段水平细实线[图 5.4(b)]。

(2) 索引出的详图,如与被索引的详图不在同一张图纸内,应在索引符号的上半圆中

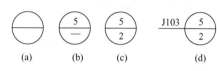

图 5.4 索引符号

用阿拉伯数字注明该详图的编号,在索引符号的下半圆中用阿拉伯数字注明该详图所在图纸的编号[图 5.4(c)]。数字较多时,可加文字标注。

(3) 索引出的详图,如采用标准图,应在索引符号水平直径的延长线上加注该标准图册的编号[图 5.4(d)]。

5.2 立面图定位轴线

5.2.1 学习目标

通过房屋立面图定位轴线的绘制,学习 Xline、Ray 等命令的绘制技巧。

5.2.2 实例分析

本例是图 4.1 所示家属楼的①~⑦立面图,采用 1∶100 的比例绘制。①~⑦立面图是该家属楼的主立面图,反映了该立面的外貌特征和主要出入口的位置。家属楼共 5 层,层高 2.8m,有地下室,室内外高差为 0.9m,通过 6 级 150mm 台阶进入室内。

由于本例是以建筑平面图为生成基础,因此不必新建一个文件,直接打开第 4 章绘制的"建筑平面图.dwg",并另存为"建筑立面图.dwg"即可。虽然平面图是立面图的基础和依据,但是,平面图中有许多信息与立面的生成无关,例如:内部的墙体、门窗、家居、楼梯以及标注文字等,这些信息的存在只会占据磁盘空间,并影响图形的生成速度,因此,取舍平面图的内容是生成立面图的第一步。一般说来,作为立面图生成基础的平面图中需保留的图素只有外墙、台阶、雨篷、室外梯、外墙上的门窗洞口等。因此,可将有用的建筑构件图层加锁或关闭,然后选择【删除】命令删除图中无用的图素,再打开和解锁有用的建筑构件图层,再通过【清理】命令可以进一步清除在立面图生成中无内容和意义的图层及其他数据内容。选择【文件】→【绘图实用程序】→【清理】命令,系统弹出如图 5.5 所示的【清理】对话框,从中选择无

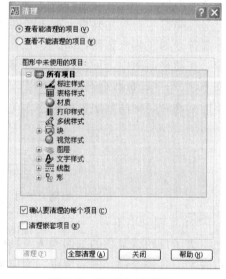

图 5.5 【清理】对话框

用的数据内容，然后单击【清理】按钮逐一清理。

清理完毕后，进入【图层特性管理器】对话框，按表 5-2 设置立面图所需新的图层，并将原平面图的图素全部转换至 TEMP 图层。

表 5-2 建筑立面图图层设置列表

图层名称	含义	图层名称	含义
Temp	平面图	Win	门窗
Axes	定位线	Dim	尺寸标注
Wall	轮廓线		

构造了作为立面生成基础的平面图后，以其为基础勾画立面的主体轮廓和出现在立面中的建筑构件纵向位置与尺寸，再利用建筑层高及各构件的横向位置和尺寸等数据确定构成立面的建筑构件的横向位置与尺寸，这就是建筑轮廓线和各建筑构件的定位操作。

5.2.3 操作过程

设置图层：选择【图层】命令，弹出【图层特性管理器】对话框，在该对话框中单击【新建】按钮，将新建一个图层，在名称栏中输入"定位线"作为图层名，然后在颜色、线型、线宽栏选择合适的参数。同样操作，建立"轮廓线"、"门窗"等图层，在颜色、线型、线宽栏选择合适的参数，单击【确定】按钮。然后单击对话框的【置为当前】按钮，将"定位线"图层设置为当前图层。

立面图的绘制要以每一层的平面图为依据，每一层立面图的门窗和阳台的位置及尺寸都取于平面图中的位置及尺寸。绘制如图 4.1 所示立面图的操作步骤如下。

步骤一：绘制纵向定位线

在修改好的平面图中利用偏移命令将平面图中所需轴线偏移，将 1 号轴线和 7 号轴线分别向右向左偏移 450，1/3 号轴线和 1/4 号轴线分别向左向右偏移 500。

命令：Offset

当前设置：删除源＝否　图层＝源　OFFSETGAPTYPE＝0

指定偏移距离或［通过(T)/删除(E)/图层(L)］＜通过＞：450

选择要偏移的对象，或［退出(E)/放弃(U)］＜退出＞：（选择 1 号轴线）

指定要偏移的那一侧上的点，或［退出(E)/多个(M)/放弃(U)］＜退出＞：（在 1 号轴线右侧拾取一点）

选择要偏移的对象，或［退出(E)/放弃(U)］＜退出＞：（选择 7 号轴线）

指定要偏移的那一侧上的点，或［退出(E)/多个(M)/放弃(U)］＜退出＞：（在 1 号轴线左侧拾取一点）

选择要偏移的对象，或［退出(E)/放弃(U)］＜退出＞：＜Enter＞

命令：Offset

当前设置：删除源＝否　图层＝源　OFFSETGAPTYPE＝0

指定偏移距离或［通过(T)/删除(E)/图层(L)］＜通过＞：500

选择要偏移的对象，或［退出(E)/放弃(U)］＜退出＞：（选择 1/3 号轴线）

指定要偏移的那一侧上的点，或［退出(E)/多个(M)/放弃(U)］＜退出＞：(在1/3号轴线左侧拾取一点)

选择要偏移的对象，或［退出(E)/放弃(U)］＜退出＞：(选择1/4号轴线)

指定要偏移的那一侧上的点，或［退出(E)/多个(M)/放弃(U)］＜退出＞：(在1/4号轴线右侧拾取一点)

选择要偏移的对象，或［退出(E)/放弃(U)］＜退出＞：＜Enter＞

用【延伸】命令将轴线延伸至所需位置，如图5.6所示。

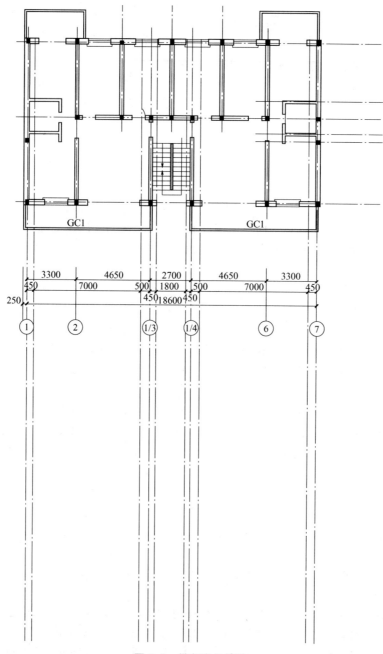

图 5.6 纵向定位轴线

步骤二：绘制水平楼层定位线

在平面图下方适当位置使用【直线】命令绘制地平线。然后选择【偏移】命令平行偏移地平线，生成建筑首层地面标高位置线（高于地平线900mm）。

命令行提示如下。

命令：Offset

当前设置：删除源＝否　图层＝源　OFFSETGAPTYPE＝0

指定偏移距离或［通过(T)/删除(E)/图层(L)］＜300＞：900

选择要偏移的对象，或［退出(E)/放弃(U)］＜退出＞：（选择地平线）

指定要偏移的那一侧上的点，或［退出(E)/多个(M)/放弃(U)］＜退出＞：（在地平线上方单击）

选择要偏移的对象，或［退出(E)/放弃(U)］＜退出＞：＜Enter＞

根据如图所示楼层高度，再次选择【偏移】命令平行偏移此线，生成建筑立面横向定位线。

命令行提示如下。

命令：Offset

当前设置：删除源＝否　图层＝源　OFFSETGAPTYPE＝0

指定偏移距离或［通过(T)/删除(E)/图层(L)］＜900＞：3000

选择要偏移的对象，或［退出(E)/放弃(U)］＜退出＞：（选择B轴线）

指定要偏移的那一侧上的点，或［退出(E)/多个(M)/放弃(U)］＜退出＞：（在B轴线上方拾取一点）

选择要偏移的对象，或［退出(E)/放弃(U)］＜退出＞：（选择C号轴线）

指定要偏移的那一侧上的点，或［退出(E)/多个(M)/放弃(U)］＜退出＞：（在C轴线上方拾取一点）

选择要偏移的对象，或［退出(E)/放弃(U)］＜退出＞：（选择D号轴线）

指定要偏移的那一侧上的点，或［退出(E)/多个(M)/放弃(U)］＜退出＞：（在D轴线上方拾取一点）

选择要偏移的对象，或［退出(E)/放弃(U)］＜退出＞：（选择E号轴线）

指定要偏移的那一侧上的点，或［退出(E)/多个(M)/放弃(U)］＜退出＞：（在E轴线上方拾取一点）

选择要偏移的对象，或［退出(E)/放弃(U)］＜退出＞：（选择F号轴线）

指定要偏移的那一侧上的点，或［退出(E)/多个(M)/放弃(U)］＜退出＞：（在F轴线上方拾取一点）

选择要偏移的对象，或［退出(E)/放弃(U)］＜退出＞：＜Enter＞

命令：Offset

当前设置：删除源＝否　图层＝源　OFFSETGAPTYPE＝0

指定偏移距离或［通过(T)/删除(E)/图层(L)］＜3000＞：600

选择要偏移的对象，或［退出(E)/放弃(U)］＜退出＞：（选择G号轴线）

指定要偏移的那一侧上的点，或［退出(E)/多个(M)/放弃(U)］＜退出＞：（在G轴线上方拾取一点）

选择要偏移的对象，或［退出(E)/放弃(U)］＜退出＞：＜Enter＞

偏移后图形如图 5.7 所示。

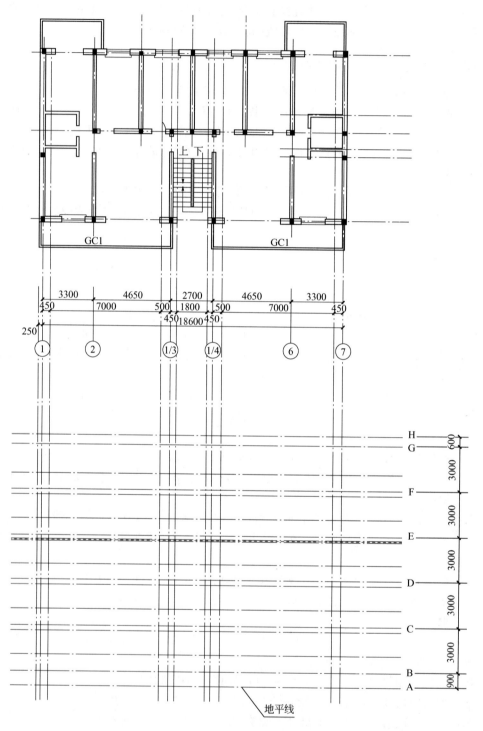

图 5.7 横向定位轴线

步骤三：绘制门窗定位线

(1) 将 1 号轴线向左偏移 250 作为外墙线，用 Pline 命令绘出外墙轮廓及地面轮廓。

建筑立面的轮廓线一般有两种线型，立面外轮廓线为粗实线，而其他轮廓线为中实线。也可以适当增加建筑轮廓线的线型层次以丰富立面效果和突出重点。使用 Pline 命令和自动捕捉功能绘制建筑立面的外轮廓线和其他轮廓线。

(2) 将水平楼层轴线 B、C、D、E、F 向上偏移 1200 作为房间阳台带形窗的底部标高线。

(3) 将 B 轴线向下偏移 600 作为地下室通风窗底部标高线，此时平面图任务已经完成，可以删掉。绘制好的图形如图 5.8 所示。

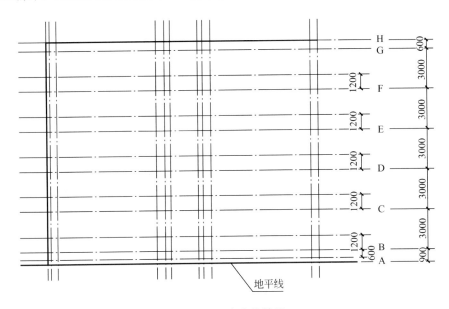

图 5.8　门窗定位轴线

5.2.4　实例总结

定位线也可以使用【构造线】命令绘制。

选择【绘图】→【构造线】命令，或者直接在命令行输入 Xline，系统提示如下。

命令：Xline

指定点或 [水平(H)/垂直(V)/角度(A)/二等分(B)/偏移(O)]：

指定通过点：

在该提示下可以选择绘制水平构造线、垂直构造线、角等分线或者偏移某条直线生成构造线等，然后指定构造线通过的点，得到一条构造线。在系统提示下继续指定其他通过点，可以连续绘制多条构造线。因此，使用【构造线】命令绘制纵向定位线比【射线】命令更加方便。

5.2.5　命令详解

构造线：向两个方向无限延伸的直线称为构造线，一般可用作创建其他对象的参照。

例如，可以用构造线查找三角形的中心、准备同一个项目的多个视图或创建临时交点用于对象捕捉等。

构造线可以放置在三维空间的任何地方，可以使用多种方法指定它的方向。创建直线的默认方法是两点法：指定两点定义方向。第一个点是构造线概念上的中点，即通过"中点"对象捕捉捕捉到的点。

按下列步骤创建构造线。

- 在【绘图】工具栏中，单击【构造线】 按钮。
- 从【绘图】下拉菜单中，选择【构造线】命令。
- 在"命令:"提示下，输入 Xline，并按回车键。

AutoCAD 提示如下。

指定点或［水平(H)/垂直(V)/角度(A)/二等分(B)/偏移(O)］:

默认选项是指定点，指定一个参照线将通过的点。注意，此时一旦指定了一点，AutoCAD 将显示一条无限长的直线，该直线通过指定点。移动光标，对齐直线将会随之变化。

AutoCAD 提示如下。

指定通过点：

通过指定另一个点来确定直线的方向。一旦指定了直线的方向，AutoCAD 将绘制参照线并重复前面的命令提示。还可以绘制其他通过指定的第一点的参照线。

要结束该命令，可按回车键或 Esc 键。

其余选项：

水平：绘制参照线平行于当前 UCS 的 X 轴。

垂直：绘制参照线平行于当前 UCS 的 Y 轴。

角度：绘制参照线平行于指定的角度。

二等分：创建一条参照线，它经过选定的角顶点，并且将选定的两条线之间的夹角平分。图 5.9 所示的是要绘制 ab 线和 ac 线夹角的平分线，步骤如下。

命令：Xline

指定点或［水平(H)/垂直(V)/角度(A)/二等分(B)/偏移(O)］：B

指定角的顶点：（指定点 a）

指定角的起点：（指定点 b）

指定角的端点：（指定点 c，按回车键或 ESC 键结束命令，绘制好的构造线如图 5.9 所示）

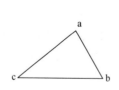 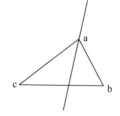

图 5.9　用二等分创建构造线

偏移：创建平行于指定基线的构造线。指定偏移距离，选择基线，然后指明构造线位于基线的哪一侧。

5.2.6 相关知识

立面图一般应按投影关系，画在平面图上方，与平面图轴线对齐，以便识读。侧立面图或剖面图可放在所画立面图的一侧。立面图所采用的比例一般和平面图相同。由于比例较小，所以门窗、阳台、栏杆及墙面复杂的装修可按图例绘制。为简化作图，对立面图上同一类型的门窗可详细地画一个作为代表，其余均用简单图例来表示。此外，在立面图的两端应画出定位轴线符号及其编号。

5.3 立面图门窗

5.3.1 学习目标

通过房屋立面图门窗的绘制，学习 Line、Insert、Mirror 等命令的绘制技巧。

5.3.2 实例分析

本例的家属楼正立面窗户的形式有 3 种，一种是阳台 1500mm×7000mm 的带形窗，一种是楼梯间 1500mm×1200mm 的窗，还有一种是地下室 300mm×5600mm 的通风窗，具体形式和尺寸有所差别，如图 5.10 所示。

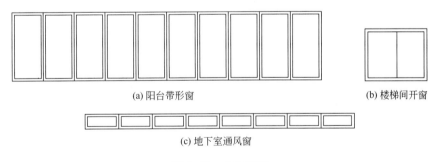

(a) 阳台带形窗　　　　　　　　　　(b) 楼梯间开窗

(c) 地下室通风窗

图 5.10　立面图窗

5.3.3 操作过程

建筑立面图中所有窗的绘制方法大同小异，基本都是由矩形和直线组合而成，因此，熟练运用【矩形】命令和【直线】命令以及对象捕捉功能是绘制窗的关键所在。下面以图 5.10(a)中第一种形式的窗为例，介绍其创建过程。

步骤一：绘制阳台带形窗

(1) 选择 win 图层为当前层，选择【矩形】命令绘制图 5.11 所示窗洞，尺寸为 700mm×1500mm。

命令：Rectang

指定第一个角点或［倒角(C)/标高(E)/圆角(F)/厚度(T)/宽度(W)］：

指定另一个角点或［面积(A)/尺寸(D)/旋转(R)］：D

指定矩形的长度＜10＞：700

指定矩形的宽度＜10＞：1500

指定另一个角点或［面积(A)/尺寸(D)/旋转(R)］：＜Enter＞

(2) 选择【偏移】命令绘制图 5.12 所示窗框。

图 5.11　窗洞　　　　　　图 5.12　一扇带形窗

命令：Offset

当前设置：删除源＝否　图层＝源　OFFSETGAPTYPE＝0

指定偏移距离或［通过(T)/删除(E)/图层(L)］＜0＞：50

选择要偏移的对象，或［退出(E)/放弃(U)］＜退出＞：(用鼠标选择要偏移的窗框)

指定要偏移的那一侧上的点，或［退出(E)/多个(M)/放弃(U)］＜退出＞：(确定偏移方向)

选择要偏移的对象，或［退出(E)/放弃(U)］＜退出＞：＊取消＊

(3) 选择【阵列】命令形成整个带形窗。

命令：Array(弹出【阵列】对话框，如图 5.13 所示进行设置，用鼠标单击【选择对象】按钮，回到图形区)

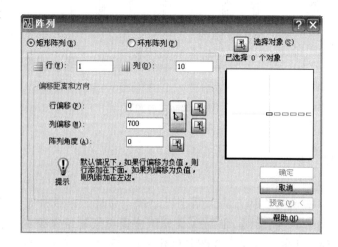

图 5.13　阵列对话框设置

选择对象：指定对角点，找到 2 个(框选要阵列的图形)

选择对象：＜Enter＞(回到【阵列】对话框，单击【确定】按钮完成图形阵列，如图 5.14 所示)

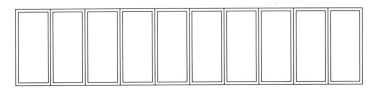

图 5.14 阵列后的带形窗

步骤二：插入阳台带形窗及地下室窗
1. 定义带形窗块
命令：Block
系统弹出【块定义】对话框，在对话框中作如图 5.15 所示设置。
(1)在【名称】栏里输入块名：window1。
(2)选中【对象】栏中的【删除】单选按钮，删除块图形。
(3)单击【选择对象】按钮，返回绘图区域选择块图形，将带形窗图形全部选中。
(4)单击【拾取点】按钮，返回绘图区域选择块的插入点，单击窗块的左下角顶点作为插入点。
(5)单击【确定】按钮，完成"window1"块的制作。
2. 将制作好的房间阳台的带形窗块插入相应的位置
命令：Insert
系统弹出【插入】对话框，在该对话框的【名称】下拉列表中选择【window1】选择，其余设置如图 5.16 所示。

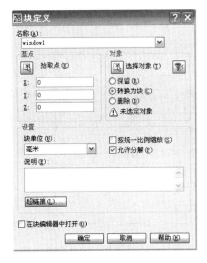

图 5.15 【块定义】对话框

图 5.16 【插入】对话框

完成【插入】对话框的参数设置以后，单击对话框中的【确定】按钮，则命令提示如下。

指定插入点或［基点(B)/比例(S)/X/Y/Z/旋转(R)］：（捕捉图中定位线的交点为插入点，插入窗图块）

3. 采用同样的方式，分别插入带形窗块

操作结果如图 5.17 所示。

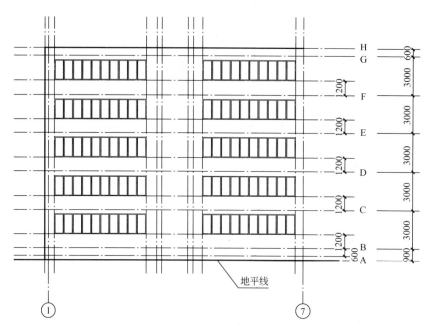

图 5.17　将带形窗插入立面图

楼梯间窗户和地下室通风窗的绘制方法大同小异，读者可自行绘制，然后插入图中相应位置，如图 5.18 所示。

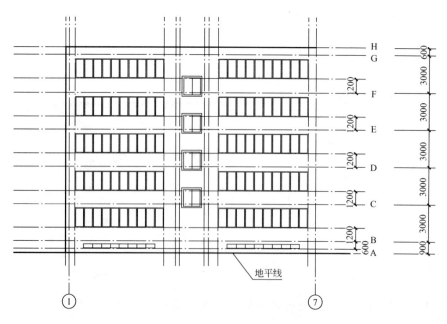

图 5.18　楼梯间窗户和地下室通风窗的绘制

步骤三：绘制单元门

门的绘制与窗类似，先绘制门洞，然后绘制一扇门作为模板，相同形式的其他门通过复制得到。不过本例中只有一扇门，即底层大门，形式如图 5.19 所示。

1. 绘制单元门外框

命令：Rectang

指定第一个角点或［倒角(C)/标高(E)/圆角(F)/厚度(T)/宽度(W)］：（用鼠标在屏幕适当位置拾取一点）

指定另一个角点或［面积(A)/尺寸(D)/旋转(R)］：D

指定矩形的长度 <2100>：1500

指定矩形的宽度 <1500>：2100

指定另一个角点或［面积(A)/尺寸(D)/旋转(R)］：（用鼠标在屏幕适当位置拾取一点）

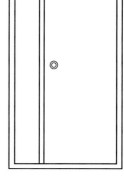

图 5.19　单元门

2. 通过【偏移】命令绘制内框

命令：Offset

当前设置：删除源＝否　图层＝源　OFFSETGAPTYPE＝0

指定偏移距离或［通过(T)/删除(E)/图层(L)］<100>：60

选择要偏移的对象，或［退出(E)/放弃(U)］<退出>：（选择外框线）

指定要偏移的那一侧上的点，或［退出(E)/多个(M)/放弃(U)］<退出>：（在矩形内侧拾取一点）

选择要偏移的对象，或［退出(E)/放弃(U)］<退出>：<Enter>

3. 用直线命令绘制门中的其余线段

4. 绘制门把手

命令：Circle

指定圆的圆心或［三点(3P)/两点(2P)/相切、相切、半径(T)］：（在图中适当位置选取圆心）

指定圆的半径或［直径(D)］<40>：45

命令：Offset

当前设置：删除源＝否　图层＝源　OFFSETGAPTYPE＝0

指定偏移距离或［通过(T)/删除(E)/图层(L)］<15>：15

选择要偏移的对象，或［退出(E)/放弃(U)］<退出>：（选择圆）

指定要偏移的那一侧上的点，或［退出(E)/多个(M)/放弃(U)］<退出>：（在圆内侧拾取点）

选择要偏移的对象，或［退出(E)/放弃(U)］<退出>：<Enter>

步骤四：插入单元门

将单元门绘制完成后，定义成块，并插入图形相应位置，如图 5.20 所示。

5.3.4　实例总结

窗是立面图上的重要图形对象，一般情况下也是图素内容最多的对象。门窗一般都是

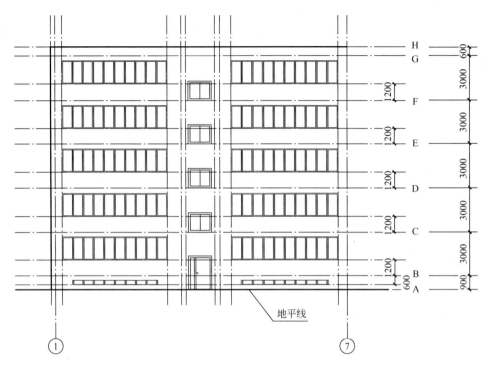

图 5.20 立面图中插入门窗

规范中规定的标准件,可以根据建筑设计的要求从规范中选取。鉴于一个建筑设计中涉及门窗种类不多,但是每一种的数量比较多,建议用户创建包括门窗在内的建筑工程专业化图库,在需要的时候直接调用插入即可。

5.3.5 相关知识

建筑物及其构配件(或组合件)选定的标准尺寸单位作为尺寸协调中的增值单位,称为建筑模数单位。在建筑模数协调中选用的基本尺寸单位,其数值为100mm,符号为M,即1M=100mm,目前世界上大部分国家均以此为基本模数。基本模数的整数值称为扩大模数。整数除基本模数的数值称为分模数。模数可以作为建筑设计依据的度量,决定每个建筑构件的精确尺寸,决定体系中和建筑物本身内建筑构件的位置。模数在建筑设计上表现是模数化网格。网格的尺寸单位是基本模数或扩大模数。在建筑设计中,每个建筑构件都应与网格线建立一定的关系,一般常将建筑构件的中心线、偏中线或边线位于网格线上。建筑设计中的主要建筑构件如承重墙、柱、梁、门窗洞口都应符合模数化的要求,严格遵守模数协调规则,以利于建筑构配件的工业化生产和装配化施工。

5.4 立面图尺寸标注

完成图形的绘制之后,下一步就是尺寸及文字标注。

立面图的尺寸标注与平面图不同，它无法完全采用 AutoCAD 自带的标注功能来完成，它主要包括标高标注和主要构件尺寸标注。另外，各地区、各单位在立面图的尺寸标注内容上都不尽相同，如国家规范中规定立面图上只要标明外窗的标高即可，但在实际工程中往往还需标明室内外地面、门洞的上下口、女儿墙压顶面、出入口的平台、阳台和雨篷面的标高、门窗尺寸及总尺寸等。

5.4.1 学习目标

主要学习房屋立面图尺寸标注的基本方法及标高符号的绘制和标注方法。

5.4.2 实例分析

立面图上高度方向的尺寸主要是用标高的形式标注，标高符号一般画在图形外，符号大小应一致整齐排列在同一铅垂线上。必要时为了更清楚起见，可标注在图内，如楼梯间的窗台面标高。若建筑立面图左右对称，标高应标注在左侧，否则两侧均应标注，主要包括建筑物室内外地坪、各楼层地面、窗台、门窗洞顶部、檐口、阳台底部、女儿墙压顶及水箱顶部等处的标高尺寸。

5.4.3 操作过程

标高符号应以直角等腰三角形表示，按图 5.21(a)所示形式用细实线绘制，如标注位置不够，也可按图 5.21(b)所示形式绘制。标高符号的具体画法如图 5.21(c)、图 5.21(d)所示。

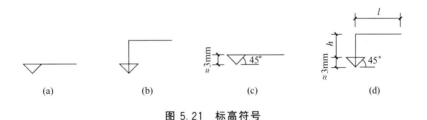

图 5.21 标高符号

步骤一：绘制标高符号
绘制标高符号，如图 5.21(c)、图 5.21(d)所示。
步骤二：定义标高符号图块并插入图中相应位置
将绘制好的标高图形定义为块，并插入图中对应位置。
步骤三：注写标高值
命令：Mtext
当前文字样式："Standard" 当前文字高度：400
指定第一角点：（用鼠标在需要书写文字的区域拾取恰当一点）
指定对角点或 [高度(H)/对正(J)/行距(L)/旋转(R)/样式(S)/宽度(W)]：（用鼠标拖出一个如图 5.22 所示的矩形框）

拖出矩形框之后，系统弹出【文字格式】对话框，如图 5.22 所示。

图 5.22 【文字格式】工具栏

例如要输入标高数值±0.000，这里±的输入可单击文字格式框中的符号按钮 @，从中选择正负号，再输入 0.000 数值即可，同理可依次输入其余标高数值，如图 5.23 所示。

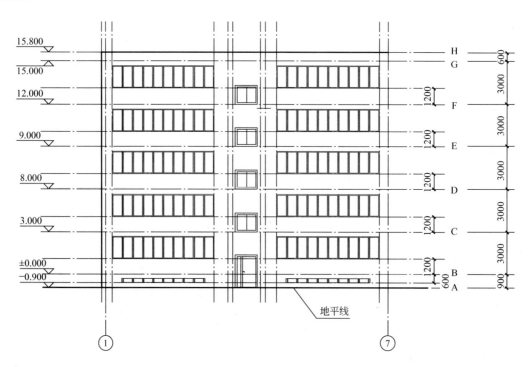

图 5.23 标注尺寸后的立面图

步骤四：标注竖向尺寸

构件尺寸的标注主要在竖直方向，包括三道尺寸：最外一道标注建筑的总高尺寸；中间一道标注层高尺寸；最里面一道标注室内外高差、门窗洞高度、垂直方向窗间墙、窗下墙、檐口高度等尺寸。构件尺寸的标注方法及注意事项同平面图尺寸标注完全一致，包括设置尺寸标注样式、绘制标注辅助线、进行图形标注等步骤。

步骤五：删除多余线段

将多余轴线删除后，图形如图 5.24 所示。

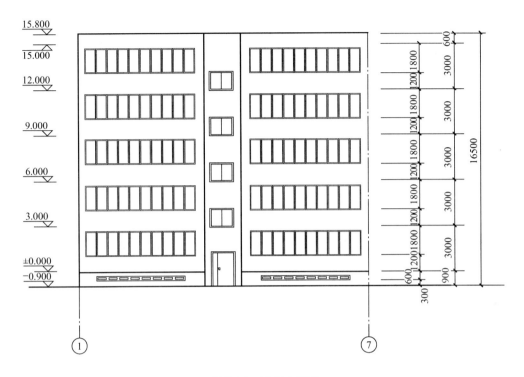

图 5.24 房屋立面图

5.4.4 实例总结

AutoCAD 绘图时经常需要精确确定点的位置,尤其是已知某点确定与之相关的另一点的位置,这就涉及相对坐标的问题。在前面的绘图中,运用较多的是相对直角坐标,通过已知点的坐标加上一个偏移量来确定新的点坐标,输入方式为:@X,Y,Z。除此之外,还可以运用相对极坐标的方式,本例中标高符号的绘制用极坐标就比较方便,通过极径和极角来确定点的位置,输入方式为:@R<?,其中 R 为两点之间的直线距离,? 为两点连线和水平直线的夹角,逆时针为正,如图 5.25 所示。

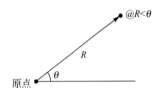

图 5.25 相对极坐标

5.4.5 相关知识

在实际绘图中,往往需要标注一些特殊的字符,如上划线、下划线、"±"、"°"等。由于这些特殊字符不能从键盘上直接输入,AutoCAD 提供了相应的控制符,以实现这些标注要求。表 5-3 列出了常用的控制符。

表 5-3　AutoCAD 2008 控制符

符号	功　能	符号	功　能
%%O	打开或关闭文字上划线	%%P	标注"正负公差"符号(±)
%%U	打开或关闭文字下划线	%%C	标注直径符号(ϕ)
%%D	标注"度"符号(°)		

本 章 小 结

1. 建筑立面图基本知识

建筑平面图主要反映建筑高度方向的立面布置等，给出了建筑物的高度、层高、立面门窗布置、立面造型设计等，应掌握建筑立面图应表达的内容和绘制要求。

2. 建筑立面图实例绘图

本章实例介绍了从建筑平面图入手，通过辅助线绘制建筑立面图的主要技巧，主要包括立面定位轴线与平面轴线、立面门窗绘制等实例。

3. 建筑立面图绘制基本命令

建筑立面图绘制中大量运用了复制、镜像、图块等命令，可提高绘图效率，应掌握立面图中文字(标高等)的标注技巧和要求。

习　题

1. 如何利用建筑平面图绘制建筑立面图的定位轴线？
2. 如何快速绘制立面图门窗，用到哪些命令？
3. 立面图尺寸标注和平面图有何不同？立面图上高度方向的尺寸主要用什么标注？
4. 绘制如下图所示的建筑立面图，并保存为 JL.dwg 文件。

第5章 建筑立面图

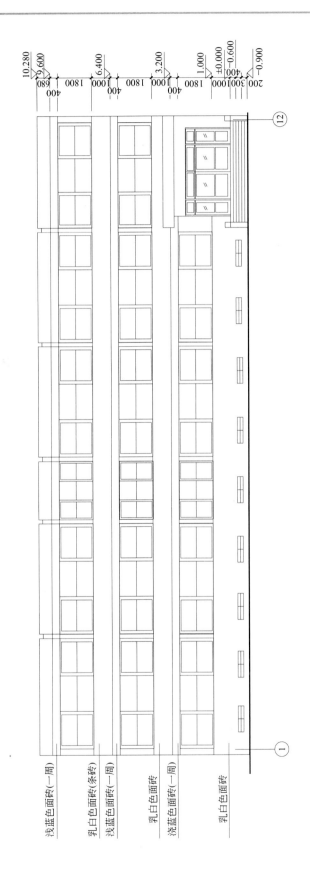

第6章 建筑剖面图

> **教学目标**

(1) 掌握建筑剖面图绘制基本知识。
(2) 掌握建筑剖面图中各主要部件的绘制技巧。

> **教学要求**

知识要点	能力要求	相关知识
建筑剖面图基本知识	掌握建筑剖面图基本知识和内容	建筑制图知识 建筑制图标准
建筑剖面图辅助线、门窗、梁板等的绘制	通过实例掌握建筑剖面图中主要组成部分的绘制技巧	AutoCAD绘图知识
基本绘图命令	掌握建筑剖面图绘制中的相关命令	AutoCAD命令

6.1 建筑剖面图基本知识

建筑剖面图是将建筑物作垂直剖切所得到的投影图,主要表示房屋内部的结构或构造形式、分层情况和各部位的联系以及材料和高度等,是与平面图、立面图相互配合的不可缺少的重要图样之一。剖面图的数量是根据房屋的具体情况和施工实际需要而决定的。剖面图的剖切位置,一般是选取在内部结构和构造比较复杂或者有变化、有代表性的部位,如通过出入口、门厅或者楼梯等部位的平面。将剖切位置选择在这种最能表达建筑空间结构关系的部位,就可以从一个剖面图中获取更多的关于建筑物本身的属性信息。剖切平面一般横向,即平行于侧立面,必要时也可纵向,即平行于正立面。同时,为了达到较好的表达效果,在某些特定的情况下,可以采用阶梯剖面图,即选择合理转折的平面作为剖切平面,从而可以在更少的图形上获得更多的信息。剖面图的数量应该根据建筑物实际的复杂程度和建筑物自身的特点来确定。对于结构简单的建筑物,有时候一两个剖面图就已经足够了,但是在某些建筑平面较为复杂而且建筑物内部的功能分区又没有特别的规律性的情况下,要想完整地表达出整个建筑物的实际情况,所需要的剖面图的数量是很大的。在这种情况下,就需要从几个有代表性的位置绘制多张剖面图,这样才可以完整地反映整个建筑物的全貌。

建筑剖面图表示建筑物内部垂直方向的主要结构形式、分层情况、构造做法以及组合尺寸。在建筑剖面图中可看到建筑物剖切位置有关的各部位的层高和层数、垂直方向建筑空间的组合和利用以及在建筑剖面位置上的主要结构形式、构造方法和做法（如屋顶形式、屋顶坡度、檐口形式、楼板搁置方式、楼梯的形式及其简要的结构、构造方式、内外墙与其他构件的构造方式等）。

1. 剖面图的有关规定和要求

同平面图一样，建筑剖面图的设计与绘制也应遵守国家标准《房屋建筑制图统一标准》（GB/T 50001—2001)和《建筑制图标准》（GB/T 50104—2001)中的有关规定。

（1）定位轴线和索引符号。在剖面图中要画出两端的轴线及其编号，有时也注出中间轴线。由于剖面图比例较小，某些部位如墙脚、窗台、楼地面、顶棚等节点，不能详细表达，可在剖面图上的该部位处，画上详图索引符号，另用详图表示其细部构造。用于剖面图的详图索引符号，应在被剖切的部位绘制剖切位置线和引出线。索引符号详见第5章图 5.4。

（2）图线。室内外地坪线画加粗线(1.4b)。剖切到的房间、阳台、走廊、楼梯及楼面板、屋面板，在 1∶100 的剖面图中可只画两条粗实线作为结构层和面层的总厚度，在 1∶50 的剖面图中，应加绘细实线表示粉刷层的厚度。其他可见的轮廓（比如门窗洞、可见的楼梯梯段及栏杆扶手、可见的女儿墙压顶、内外墙轮廓线、踢脚线、勒脚线等）均画中粗实线(0.5b)。门窗扇及其分格线、水斗及雨水管、外墙引条线（包括分格线）、尺寸界线、尺寸线和标高符号等均画细实线(0.35b)。

（3）图例。常用构造及配件图例可参阅相关的建筑制图书籍或国家标准。门窗均按《建筑图例》中的规定绘制。为了清楚地表达建筑各部分的材料及构造层次，当剖面图的比例大于 1∶50 时，应在被剖切到的构配件断面上画出其材料图例，当剖面图的比例小于 1∶50 时，则不画具体材料图例，而用简化的图例表示其构件断面的材料，如钢筋混凝土的梁、板可在断面处涂黑，以区别砖墙和其他材料。

（4）比例。剖面图的比例与平面图、立面图的比例一致，通常采用 1∶50、1∶100、1∶200 的较小比例绘制。

（5）尺寸标注。建筑剖面图中应标注必要的尺寸，即垂直方向和标高，一般只标注剖到部分的尺寸。一般需标注 3 道尺寸。

最内侧的第一道尺寸为门、窗洞及洞间墙的高度尺寸。（将楼面以上和楼面以下分别标注）。

第二道尺寸为层高尺寸，包括底层地面至二层楼面，各层楼面至上一层楼面，顶层楼面至檐口处屋面处的尺寸。同时还需注出室内外的高差尺寸，檐口至女儿墙压顶面的尺寸。

第三道尺寸为室外地面以上的总高。此外还应注上某些局部尺寸，如室内墙上的门窗洞口线、窗台的高度、天窗、高引窗的窗洞以及窗台高度等。在建筑剖面图上，标高所注的高度位置与立面图一样，有建筑标高和结构标高之分。标注方法基本和立面图相同。

2. 剖面图绘图步骤

建筑剖面图的设计一般是在完成平面图和立面图的设计之后进行的。用 AutoCAD 绘制建筑剖面图有两种基本方法：一般方法和三维模型法。

一般情况下，设计者在绘制建筑剖面图时采用的是利用 AutoCAD 系统提供的二维绘图命令绘制剖面图。这种绘图方法简便、直观，从时间和经济效益来讲都比较合算，它的绘制只需以建筑平面图和立面图为其生成基础，根据建筑形体的情况绘制。这种方法适宜于从底层开始向上逐层设计，相同的部分逐层向上阵列或复制，最后再进行适当修改即可。

三维模型法是以现有平面图为基础，基于建筑立面图提供的标高、层高和门窗等相关设计资料，将未来剖面图中可能剖到或看到的部分保留，然后从剖切线位置把与剖视方向相反的部分删去从而得到剖面图的三维模型框架，以它为基础，即可生成剖面图。三维方法中比较简单的是建立表面模型，相对于实体模型来说，建立表面模型简单易行，对计算机的性能要求不是很高。但是，从三维表面模型生成的剖面图还很不完善，需要在以后的编辑修改过程中做很多的后期工作。因此，从总体上来说，使用三维模型法绘制剖面图工作繁琐、效率低下，一般不采用。

本章将以一般方法讲述绘制剖面图的具体过程和步骤。用 AutoCAD 绘制建筑剖面图的具体步骤如下。

步骤一：绘制剖切线

（1）定位轴线剖面图中的定位轴线包括房屋的横向定位轴线、沿高度方向的向层高线、女儿墙顶面和底面标高以及屋顶水箱上下顶面的标高等。剖面图的定位轴线绘制和建筑立面图定位轴线的绘制相同。

（2）画墙体轮廓线参考平面图的内容，按照剖视方向绘制剖面图的墙体轮廓线。用户在绘制建筑物剖面轮廓线时一定要仔细推敲，弄清楚剖面图中包括的图形元素后再开始绘制。设计建筑剖面图的过程中并不会有建筑的三维模型供设计者参考，唯一的设计依据就是建筑平面图，绘制建筑剖面需要用户具有良好的空间想象能力。

（3）画楼层、屋面线以及楼梯剖面图楼层、屋面和楼梯的竖向布置是剖面图中需要重点表达的内容。绘制完墙体轮廓线后，就需要在墙体轮廓线的基础上添加楼梯、门窗等剖面图要表达的细节部分。细节部分包括楼梯的细部构造以及没有被剖切到、但是却可以在剖视方向上看到的建筑物外部墙体。

（4）尺寸标注在前面已经介绍，不再赘述。

（5）标注必要的尺寸及建筑物各个楼层地面、屋面、平台面的标高。

（6）添加详细的索引符号及必要的文字说明。

（7）加图框和标题，并打印输出。

6.2 剖面图辅助线

6.2.1 学习目标

熟悉建筑剖面图辅助线的基本绘制要求，练习用【射线】命令绘制剖面图的辅助线。

6.2.2 实例分析

构造了作为剖面生成基础的平、立面图后,以其为基础勾画剖面的主体轮廓和出现在剖面图中的建筑构件纵向位置与尺寸,再利用建筑层高及各构件的横向位置和尺寸等数据确定构成剖面的建筑构件的横向位置与尺寸,这就是建筑轮廓及各建筑构件的定位操作。

虽然平面图和立面图是剖面图的基础和依据,但是平、立面图中有许多信息与剖面的生成无关,例如门窗扇、家居、标注等。可以像绘制立面图一样将这些无用的图素和图层清除,也可以完成剖面图之后一并整理。

6.2.3 操作过程

新建一个"剖面图"层,并将该层设置为当前层。
步骤一:绘制剖切符号

在绘制剖面图之前,应先绘制剖切符号,以确定在什么位置上进行剖切,一般情况下,剖面图的剖切位置,应选择在内部构造和结构比较复杂与典型的部位,并应通过门窗洞的位置。剖视的剖切符号应由剖切位置线及投射方向线组成,均应以粗实线绘制。剖切位置线的长度宜为6～10mm;投射方向线应垂直于剖切位置线,长度应短于剖切位置线,宜为4～6mm(图6.1)。本节的绘制结果如图6.2所示。

图 6.1 剖切符号详图

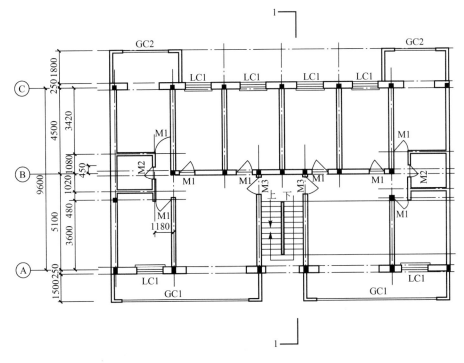

图 6.2 平面图中的剖切位置

(1) 单击【正交】按钮,打开正交模式,单击【绘图】工具栏中的【多段线】按钮,绘制线宽为 50 的多段线,具体命令如下。

命令:PL

指定起点:

当前线宽为 50

指定下一个点或 [圆弧(A)/半宽(H)/长度(L)/放弃(U)/宽度(W)]:W

指定起点宽度 <100>:50

指定端点宽度 <100>:50

指定下一个点或 [圆弧(A)/半宽(H)/长度(L)/放弃(U)/宽度(W)]:600

指定下一点或 [圆弧(A)/闭合(C)/半宽(H)/长度(L)/放弃(U)/宽度(W)]:1000

指定下一点或 [圆弧(A)/闭合(C)/半宽(H)/长度(L)/放弃(U)/宽度(W)]:<Enter>

(2) 使用多行文字工具输入数字 1。

(3) 单击【修改】工具栏中的【镜像】按钮,水平镜像剖面符号,其结果如图 6.2 所示。

步骤二:绘制辅助射线

(1) 在【状态】栏中右击【极轴】按钮,从弹出的菜单中选择【设置】命令,打开【草图设置】对话框,在【极轴追踪】选项卡中设置"增量角"为 45°,如图 6.3 所示。

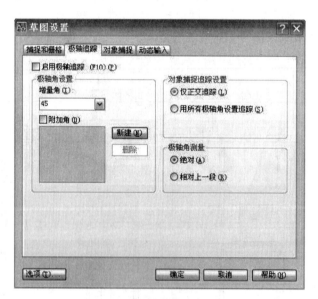

图 6.3 草图设置中极轴追踪选项

(2) 选择【绘图】→【射线】命令,在平面图右侧适当位置绘制一条 315°角的辅助射线。

(3) 单击【正交】按钮,打开正交模式,在平面图的垂直各点处绘制水平射线。

(4) 捕捉水平射线与斜射线的交点,绘制垂直射线,上述三步完成后结果如图 6.4 所示,剖面图辅助线绘制完成。

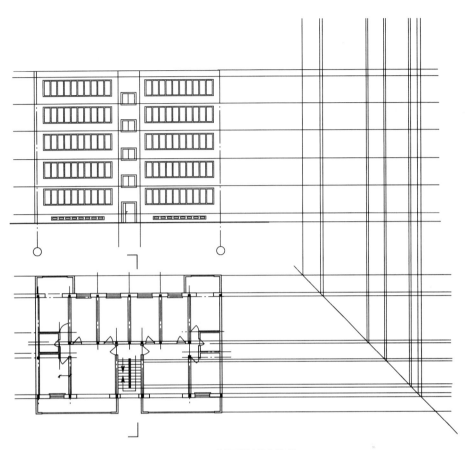

图 6.4 剖面图辅助轴线

6.2.4 命令详解

AutoCAD 仅提供了一种方式用于绘制射线。指定射线的起点并指定射线的方向,即可绘制一条射线。要创建一条射线,如图 6.5 所示,具体步骤如下。

(1) 使用以下任一种方法。

● 从【绘图】下拉菜单中,选择【射线】命令。

● 在"命令:"提示下,输入 Ray,并按回车键。

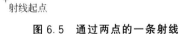

图 6.5 通过两点的一条射线

AutoCAD 提示如下:

指定起点:

(2) 指定射线的起点。此时,一旦指定了一点,AutoCAD 将显示一条由该点作为起点并延伸到光标处的无限长的射线。移动光标时,对齐的射线将随之改变。

AutoCAD 提示如下:

指定通过点:

（3）指定射线将要通过的点。一旦指定了射线的方向，AutoCAD将绘制该射线，并重复前面的提示，以便创建其他的射线。随后绘制的每条射线都从同一个起点开始。

（4）要结束该命令，可按回车键或Esc键。

6.2.5 相关知识

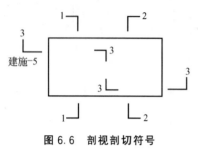

图6.6 剖视剖切符号

绘制时，剖视的剖切符号不应与其他图线相接触。剖视剖切符号的编号宜采用阿拉伯数字，按顺序由左至右、由下至上连续编排，并应注写在剖视方向线的端部。需要转折的剖切位置线，应在转角的外侧加注与该符号相同的编号。建（构）筑物剖面图的剖切符号宜注在±0.00标高的平面图上。剖视剖切符号如图6.6所示。

6.3 底层剖面图

6.3.1 学习目标

辅助线绘制完毕后，可以绘制多层住宅的底层剖面图，这一部分是整个剖面图的基础，标准层和顶层的许多图形与这一部分的图形相同或相似，通过本例的学习使读者掌握剖面图中楼梯、门窗等基本图形的绘制方法，并进一步熟练【复制】、【偏移】、【镜像】和【图案填充】等命令的使用。

6.3.2 实例分析

墙体是建筑剖面图上左右两侧的墙体结构。由于在剖面图中不用考虑墙体的具体材料，所以不必考虑填充的问题。被剖切到的墙体用平行线表示，没有被剖切到的墙体使用细实线表示。从平面图的绘制过程中可以知道，此办公楼的外墙厚度为240mm。

住宅剖面图中楼梯的绘制是最常见的，也是最复杂的一部分。但楼梯绘制踏步分布均匀，可以用【复制】或【阵列】命令快速绘制。本例中各层层高基本相等，因此可先绘制出一层的楼梯，然后将绘制好的楼梯复制到其余楼层。

6.3.3 操作过程

步骤一：通过偏移命令完善辅助线

用【偏移】命令将标高为3.000m、6.000m、9.000m及12.000m的水平辅助线向上偏移1.5m生成楼梯平台处的水平辅助线，如图6.7所示，进一步完善剖面图所需的辅助线。

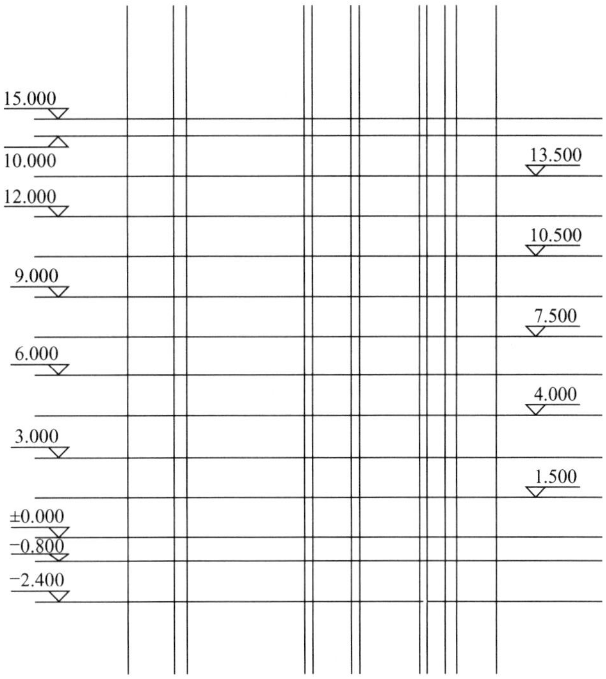

图 6.7 应用【偏移】命令完善辅助轴线

步骤二：绘制地下室剖面图

1．绘制梁截面

（1）单击【绘图】工具栏中的【矩形】按钮，分别绘制，240mm×350mm、240mm×300mm 及 350mm×400mm 的矩形，如图 6.8 所示。

（2）将矩形插入到如图 6.9 所示位置，（A、D 位置放置 350mm×400mm 截面梁，B 位置放置 240mm×350mm 截面梁，C、E 和 F 位置放置 240mm×300mm 截面梁），在插入时为了精确插入位置，可打开【对象捕捉】命令。

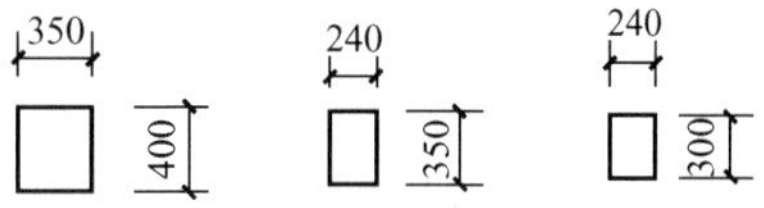

图 6.8 剖面图中梁截面

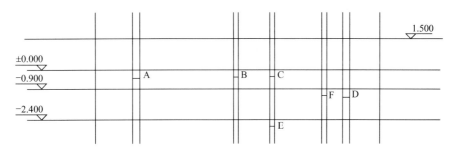

图 6.9 将绘制好的梁截面插入底层剖面图的适当位置

（3）单击【绘图】工具栏中的【图案填充】按钮，利用 SOLID 图案填充矩形，其结果如图 6.10 所示。

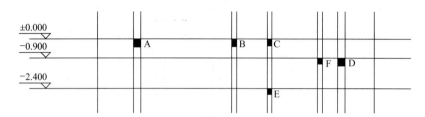

图 6.10 填充梁截面

(2) 绘制楼板剖面。

单击【绘图】工具栏中的【多段线】按钮，绘制线宽为 100 的多段线，其结果如下图 6.11 所示，可打开【捕捉】命令快速精确绘图。

(3) 绘制楼梯剖面。

① 绘制楼梯踏步。

单击【绘图】工具栏中的【直线】按钮，绘制一段折线，并绘制楼梯扶手，其结果如图 6.12 所示。

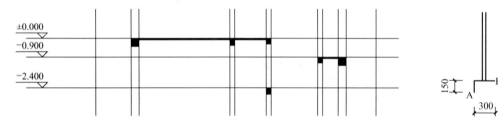

图 6.11 用【多段线】命令绘制楼板　　　　图 6.12 楼梯踏步和扶手

② 阵列楼梯踏步和扶手。

选择刚才绘制的踏步和扶手，单击【绘图】工具栏中的【阵列】按钮，将图形矩形阵列为 1 行 10 列。单击【列偏移】按钮，捕捉图中端点 A 和 B，单击【阵列角度】按钮，捕捉图中端点 B 和 A，则【阵列】对话框如图 6.13 所示。

单击【阵列】对话框中的【确定】按钮，其阵列效果如图 6.14 所示。

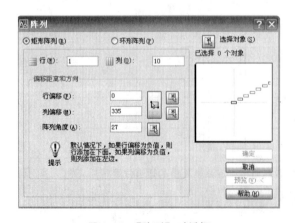

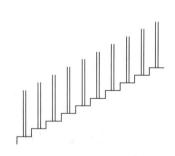

图 6.13 【阵列】对话框　　　　图 6.14 阵列后楼梯及扶手

③ 将绘制好的楼梯踏步插入图中适当位置。

台阶端部缺少一个栏杆，将栏杆复制到台阶顶部，其结果如图 6.15 所示。

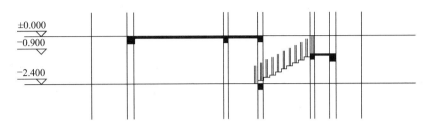

图 6.15　将绘制好的楼梯踏步插入图中适当位置

（4）完善楼梯线。

单击【绘图】工具栏中的【直线】按钮，捕捉楼梯两端点，画斜线，并将该斜线向下偏移 100 个单位，删除多余斜线，其结果如图 6.16 所示。

单击【绘图】工具栏中的【多段线】按钮，捕捉各端点延长线处的交点绘制楼梯扶手，其结果如图 6.17 所示。

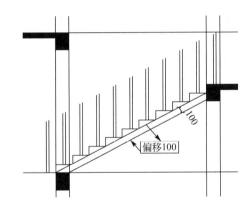

图 6.16　完善楼梯踏步

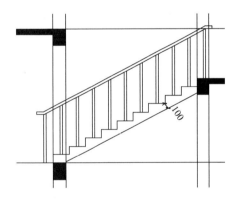

图 6.17　用多段线命令绘制楼梯扶手

（5）用相同的方法绘制另一段楼梯，结果如图 6.18 所示。

（6）填充楼梯。

单击【绘图】工具栏中的【图案填充】按钮，利用 SOLID 图案填充楼梯断面，其结果如图 6.19 所示。

（7）绘制门窗。

在建筑剖面图中，门窗主要分成两大部分：一类是被剖切得到的门窗，它的绘制方法和建筑平面图中的门窗绘制方法相似；一类是没有被剖切的门窗，它的绘制方法和建筑立面图中的门窗绘制方法相同。因此，用户可以借鉴前面几章的绘制方法，来完成剖面图中门窗的绘制。本图中

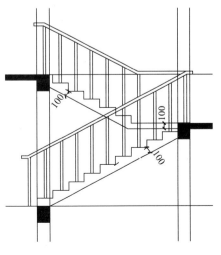

图 6.18　完善其余楼梯线

门的形式和尺寸如图 6.20 所示。

选择【直线】命令和【偏移】命令，绘制窗线，其位置如图 6.20 所示。

选择【矩形】命令绘制门的轮廓线，其位置如图 6.20 所示。

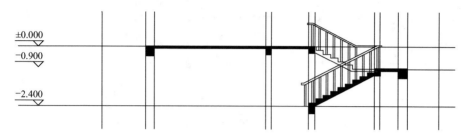

图 6.19 填充楼梯

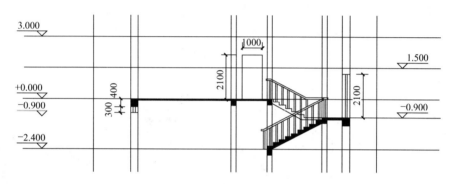

图 6.20 绘制楼梯门窗

6.3.4 实例总结

楼梯的绘制是剖面图中最复杂的部分，因此在绘制过程中，要充分使用以前的工作成果。特别是楼梯标准台阶和栏杆的绘制，要多使用【阵列】、【复制】、【偏移】和【镜像】等命令，这对提高作图的效率具有重要意义。

6.4 水箱间顶层和标准层剖面图

6.4.1 学习目标

通过绘制水箱间和标准层的剖面图，基本掌握住宅剖面图的基本绘制方法和技巧。

6.4.2 实例分析

本例主要学习住宅标准层和顶层的绘制方法，标准层图形与底层图形相似，比如楼梯、楼板、门和窗，其绘制方法相同只是楼梯和门的尺寸不同，绘制出一层后，其他层可通过【阵列】或【复制】命令得到。顶层除阳台尺寸与标准层不同外，其余完全相同。绘制的标准层和顶层如图 6.21 所示。

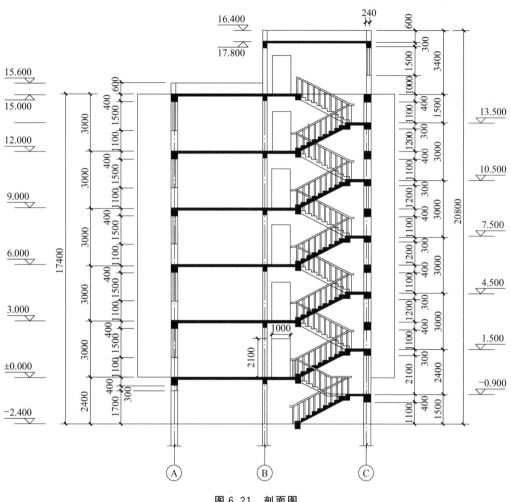

图 6.21 剖面图

6.4.3 操作过程

步骤一：绘制梁板剖面

标准层、顶层的梁板与底层基本相同，可通过【复制】命令将其复制到相应的位置，考虑楼层的层高相同，可以利用【阵列】命令将梁板阵列到相应位置，如图 6.22 所示。

步骤二：绘制楼梯剖面

可将底层绘制好的楼梯复制到其余楼层，如图 6.23 所示。

步骤三：绘制门窗

门窗的绘制方法与底层相同，绘制好的图形如图 6.24 所示。

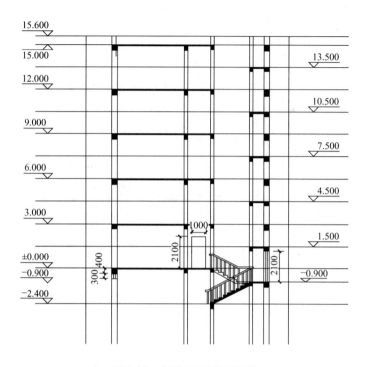

图 6.22 标准层和顶层梁板

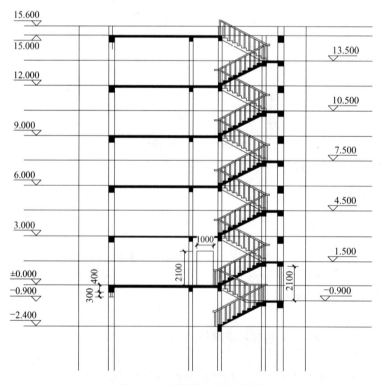

图 6.23 标准层和顶层楼梯

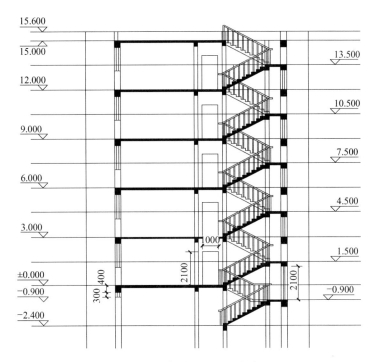

图 6.24 标准层和顶层门窗

步骤四：绘制楼顶水箱间

（1）将标高为 15.000m 的辅助线向上偏移 2800mm，形成水箱间顶部标高线，再向上偏移 600mm 形成水箱间顶部女儿墙的标高线，如图 6.25 所示。

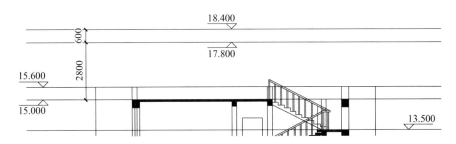

图 6.25 偏移形成水箱间顶部和水箱间顶部女儿墙的标高线

（2）将右侧外墙线向左偏移 240mm，构造水箱间外墙，如图 6.26 所示。

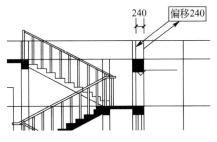

图 6.26 构造水箱间外墙

（3）用【延伸】命令，将楼梯间墙向上延伸，延伸后图形如图 6.27 所示。

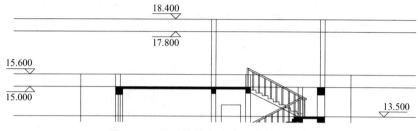

图 6.27 用延伸明命令绘制水箱间外墙

（4）水箱间梁、楼板及门窗的绘制方法与底层相同，绘制好图形如图 6.28 所示。

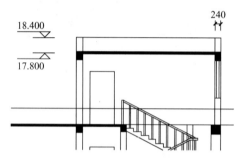

图 6.28 绘制水箱间梁、楼板及门窗

步骤五：完善图形

6.4.4 实例总结

标准层的绘制方法基本与底层相同，如果层高相等可通过【复制】或【阵列】命令快速准确的绘制出标准层剖面图。水箱间的绘制主要是利用【偏移】、【矩形】、【填充】、【多段线】等命令，绘制水箱间的墙线、楼板及梁截面。

6.4.5 相关知识

剖面图除应画出剖切面切到部分的图形外，还应画出沿投射方向看到的部分，被剖切面切到部分的轮廓线用粗实线绘制，剖切面没有切到、但沿投射方向可以看到的部分，用中实线绘制。

本 章 小 结

1. 建筑剖面图基本知识

建筑剖面图表示建筑物内部垂直方向的主要结构形式、分层情况、构造做法以及组合尺寸。在建筑剖面图中可看到建筑物剖切位置有关的各部位的层高和层数、垂直方向建筑空间的组合和利用以及在建筑剖面位置上的主要结构形式、构造方法和做法（如屋顶形式、屋顶坡度、檐口形式、楼板搁置方式、楼梯的形式及其简要的结构、构造方式、内外墙与其他构件的构造方式等）。应掌握建筑剖面图应表达的内容和绘制要求。

2. 建筑剖面图实例绘图

本章实例介绍了从建筑平面图和立面图入手，通过辅助线绘制建筑剖面图的技巧，包括剖面定位轴线与平面轴线、剖面门窗、剖面墙体与梁板构件绘制等实例。底层、标准层及出屋面层（水箱间层）等的不同剖切关系在绘制时要特别注意。

3. 建筑立面图绘制基本命令

建筑剖面图绘制中大量运用复制、镜像、图块等命令可提高绘图效率，同时需掌握剖面图中文字（标高等）的标注技巧和要求。

习　　题

1. 如何利用建筑平面图和立面图绘制剖面图的定位轴线？
2. 剖面图中剖到的部分和看到的部分如何区分？
3. 如何用【阵列】命令绘制剖面图中楼梯扶手和踏步？
4. 绘制下图的建筑剖面图，并保存为 LouTi.dwg 文件。

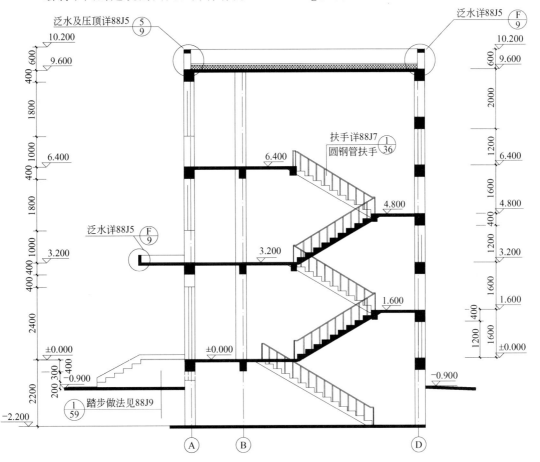

第7章
房屋布置图

教学目标

（1）掌握房屋布置图绘制基本知识。
（2）掌握房屋布置图中各部件的绘制技巧。

教学要求

知识要点	能力要求	相关知识
房屋布置图基本知识	掌握房屋布置图基本知识和内容	建筑制图知识 建筑制图标准
房屋布置图中物品实例绘制	通过实例掌握房屋布置图中各部件的绘制技巧	AutoCAD 绘图知识
基本绘图命令	掌握建筑房屋布置图绘制中的相关命令	AutoCAD 命令

房屋布置图是建筑平面图中为表达室内物品（或设备）的布置，从而更准确地进行建筑平面功能划分、合理确定房间几何尺寸等而绘制的施工图。在建筑方案阶段，往往需要局部平面上的房屋布置图以表达使用期间的物品摆放、设备排列等。本章以典型住宅建筑中的客厅、卧室及卫生间布置图为例进行说明。

7.1 客厅平面布置图

7.1.1 学习目标

客厅是家庭装饰最重要的一部分，人们在家中的活动大部分是在客厅中展开的，沙发是其中重要的组成部分，此外还有茶几、地毯、脚踏、小矮柜以及电视机、电视柜、音箱等。本例将介绍由沙发、茶几、局部地毯等组成的一个平面组合图案。

7.1.2 实例分析

本例主要绘制客厅转角沙发及茶几、地毯、脚踏和小矮柜，如图 7.1 所示。在绘制过程中，先绘个体，然后移至适当位置。填充沙发、地毯、茶几图案以及绘制沙发外轮廓线的圆角处理是本案例的重点。

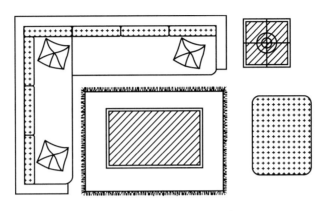

图 7.1　客厅平面布置图

7.1.3　操作过程

步骤一：绘制沙发

(1) 使用【矩形】(Rectang)命令绘制沙发初始轮廓。

命令：Rectang

指定第一个角点或 ［倒角(C)/标高(E)/圆角(F)/厚度(T)/宽度(W)］：(单击屏幕绘图区域任意一点)

指定另一个角点或 ［面积(A)/尺寸(D)/旋转(R)］：D

指定矩形的长度 <10>：2200

指定矩形的宽度 <10>：550

指定另一个角点或 ［面积(A)/尺寸(D)/旋转(R)］：<Enter>

生成矩形 ACDE。

命令：Rectang

指定第一个角点或 ［倒角(C)/标高(E)/圆角(F)/厚度(T)/宽度(W)］：<对象捕捉开>(捕捉 A 点)

指定另一个角点或 ［面积(A)/尺寸(D)/旋转(R)］：D

指定矩形的长度 <2200>：550

指定矩形的宽度 <550>：1800

指定另一个角点或 ［面积(A)/尺寸(D)/旋转(R)］：<Enter>

生成矩形 ABGF，图形效果如图 7.2 所示。

(2) 使用【分解】(Explode)、【偏移】(Offset)、【延伸】(Extend)、【圆角】(Fillet)等命令，进一步细化沙发的轮廓线。其命令操作如下。

① 用【分解】命令分解矩形。

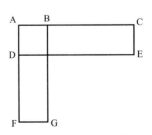

图 7.2　绘制沙发轮廓

命令：Explode

选择对象：指定对角点，找到 2 个(框选两个矩形)

选择对象：<Enter>

② 偏移线段。

用【偏移】命令将线段 AF、AC 分别向右、向下偏移 100，将 BG、DE 分别向右、向下偏移 50。

命令：Offset

当前设置：删除源＝否　图层＝源　OFFSETGAPTYPE＝0

指定偏移距离或 [通过(T)/删除(E)/图层(L)] <通过>：100

选择要偏移的对象，或 [退出(E)/放弃(U)] <退出>：(选择 AF 线段)

指定要偏移的那一侧上的点，或 [退出(E)/多个(M)/放弃(U)] <退出>：(在线段 AF 右侧区域单击)

选择要偏移的对象，或 [退出(E)/放弃(U)] <退出>：(选择 AC 线段)

指定要偏移的那一侧上的点，或 [退出(E)/多个(M)/放弃(U)] <退出>：(在线段 AC 下侧区域单击)

选择要偏移的对象，或 [退出(E)/放弃(U)] <退出>：<Enter>

命令：Offset

当前设置：删除源＝否　图层＝源　OFFSETGAPTYPE＝0

指定偏移距离或 [通过(T)/删除(E)/图层(L)] <100>：50

选择要偏移的对象，或 [退出(E)/放弃(U)] <退出>：(选择 BG 线段)

指定要偏移的那一侧上的点，或 [退出(E)/多个(M)/放弃(U)] <退出>：(在线段 BG 右侧区域单击)

选择要偏移的对象，或 [退出(E)/放弃(U)] <退出>：(选择 DE 线段)

指定要偏移的那一侧上的点，或 [退出(E)/多个(M)/放弃(U)] <退出>：(在线段 DE 下侧区域单击)

选择要偏移的对象，或 [退出(E)/放弃(U)] <退出>：<Enter>

用相同的方法将 FG、CE 分别向上、向左偏移 100。

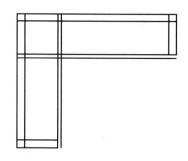

图 7.3　完善沙发轮廓线

初步完善沙发轮廓线后如图 7.3 所示。

③ 用【圆角】(Fillet)命令修改沙发角部。

命令：Fillet

当前设置：模式＝修剪，半径＝45

选择第一个对象或 [放弃(U)/多段线(P)/半径(R)/修剪(T)/多个(M)]：R

指定圆角半径 <45>：90(指定圆角半径)

选择第一个对象或 [放弃(U)/多段线(P)/半径(R)/修剪(T)/多个(M)]：(用鼠标选择需要圆角的线段)

选择第二个对象，或按住 Shift 键选择要应用角点的对象：(用鼠标选择需要圆角的线段)

用圆角命令修改沙发拐角后如图 7.4 所示。

④ 用【修剪】命令修改多余线段，修改好的图形如图 7.5 所示。

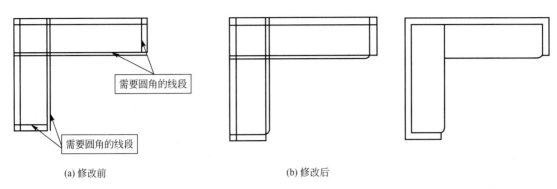

(a) 修改前　　　　　　　　　　　(b) 修改后

图 7.4　用【倒角】命令修改沙发拐角　　　　图 7.5　修剪沙发多余线段

⑤ 绘制沙发靠垫。

a. 用【矩形】命令绘制靠垫轮廓，如图 7.6 所示。

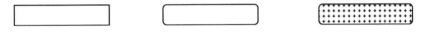

图 7.6　沙发靠垫的绘制过程

命令：Rectang

指定第一个角点或 [倒角(C)/标高(E)/圆角(F)/厚度(T)/宽度(W)]：（在图中适当位置拾取一点）

指定另一个角点或 [面积(A)/尺寸(D)/旋转(R)]：D

指定矩形的长度 <400>：500

指定矩形的宽度 <100>：100

指定另一个角点或 [面积(A)/尺寸(D)/旋转(R)]：<Esc>

b. 用【圆角】命令修改靠垫轮廓，如图 7.6 所示。

命令：Fillet

当前设置：模式 = 修剪，半径 = 90

选择第一个对象或 [放弃(U)/多段线(P)/半径(R)/修剪(T)/多个(M)]：R

指定圆角半径 <90>：30 (指定圆角半径)

选择第一个对象或 [放弃(U)/多段线(P)/半径(R)/修剪(T)/多个(M)]：（用鼠标选择需要圆角的线段）

选择第二个对象，或按住 Shift 键选择要应用角点的对象：（用鼠标选择需要圆角的线段）

c. 填充靠垫。单击【绘图】工具栏上的【图案填充】按钮或在命令行中输入 Bhatch (BH)命令，打开【图案填充和渐变色】对话框，如图 7.7 所示。

单击对话框中【图案】选项右边的按钮，打开如图 7.8 所示的【填充图案选项板】对话框，选择【CROSS】图案，再单击【确定】按钮，返回到【图案填充和渐变色】对话框，进行如图 7.7 所示的设置，注意比例的设置。

d. 将靠垫插入沙发适当位置，如图 7.9 所示，也可将其设置成块，以方便以后的应用。

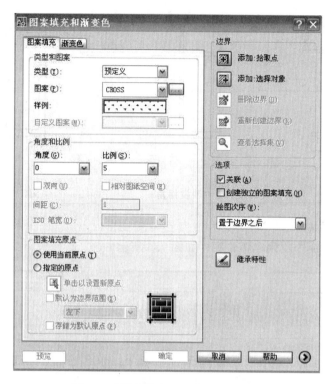

图 7.7 【图案填充和渐变色】对话框

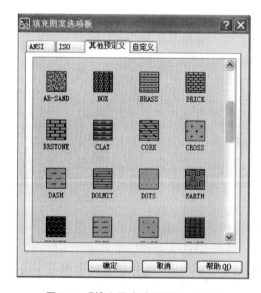

图 7.8 【填充图案选项板】对话框

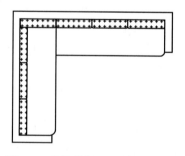

图 7.9 将靠垫插入沙发适当位置

步骤二：绘制茶几

(1) 用【矩形】命令和【偏移】命令绘制茶几轮廓。

命令：Rectang

指定第一个角点或 [倒角(C)/标高(E)/圆角(F)/厚度(T)/宽度(W)]：(指定第一个

角点）

  指定另一个角点或［面积(A)/尺寸(D)/旋转(R)］：D
  指定矩形的长度＜500＞：1000
  指定矩形的宽度＜100＞：600
  指定另一个角点或［面积(A)/尺寸(D)/旋转(R)］：＜Enter＞
  命令：Offset
  当前设置：删除源＝否 图层＝源 OFFSETGAPTYPE＝0
  指定偏移距离或［通过(T)/删除(E)/图层(L)］＜100＞：50
  选择要偏移的对象，或［退出(E)/放弃(U)］＜退出＞：（选择茶几外框）
  指定要偏移的那一侧上的点，或［退出(E)/多个(M)/放弃(U)］＜退出＞：（在矩形内侧选择一点）
  选择要偏移的对象，或［退出(E)/放弃(U)］＜退出＞：＜Enter＞

（2）填充茶几玻璃。

用【图案填充】命令填充茶几面板，填充后的效果如图 7.10 所示。

(a) 用【矩形】命令绘制茶几轮廓 (b) 填充茶几面板

图 7.10 茶几绘制过程

步骤三：绘制地毯

将茶几外轮廓线向外偏移 180，如图 7.11 所示。

使用多段线 Pline 命令并结合复制命令随意绘制地毯边上的花边，如图 7.12 所示。

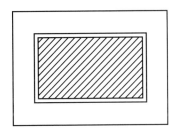
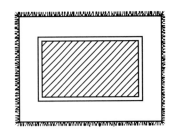

图 7.11 用【偏移】命令绘制地毯轮廓 图 7.12 绘制地毯花边

步骤四：绘制脚踏

（1）用【矩形】命令绘制 600mm×800mm 的脚踏轮廓，如图 7.13(a) 所示。

  命令：Rectang
  指定第一个角点或［倒角(C)/标高(E)/圆角(F)/厚度(T)/宽度(W)］：（指定第一个角点）
  指定另一个角点或［面积(A)/尺寸(D)/旋转(R)］：D

指定矩形的长度 <800>：600
指定矩形的宽度 <600>：800
指定另一个角点或 [面积(A)/尺寸(D)/旋转(R)]：<Esc>
(2) 用【圆角】命令修改脚踏，如图7.13(b)所示。
(3) 填充脚踏，最终结果如图7.13(c)所示。

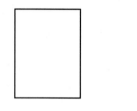 

(a) 绘制脚踏轮廓　　　　(b)【圆角】命令修改脚踏　　　(c) 填充脚踏

图 7.13　脚踏绘制过程

步骤五：绘制沙发角部的矮柜
(1) 用【矩形】命令绘制矮柜轮廓。
命令：Rectang
指定第一个角点或 [倒角(C)/标高(E)/圆角(F)/厚度(T)/宽度(W)]：(指定第一个角点)
指定另一个角点或 [面积(A)/尺寸(D)/旋转(R)]：D
指定矩形的长度 <500>：500
指定矩形的宽度 <500>：500
指定另一个角点或 [面积(A)/尺寸(D)/旋转(R)]：<Esc>
(2) 用【偏移】命令完善轮廓线。
命令：Offset
当前设置：删除源＝否　图层＝源　OFFSETGAPTYPE＝0
指定偏移距离或 [通过(T)/删除(E)/图层(L)] <50>：50
选择要偏移的对象，或 [退出(E)/放弃(U)] <退出>：(选择要偏移的矩形)
指定要偏移的那一侧上的点，或 [退出(E)/多个(M)/放弃(U)] <退出>：(在矩形内侧拾取一点)
选择要偏移的对象，或 [退出(E)/放弃(U)] <退出>：<Esc>
(3) 分解和偏移矮柜内轮廓线。
① 用【分解】命令分解矮柜内轮廓线。
命令：Explode
选择对象：找到 1 个(选择矮柜内轮廓线)
选择对象：<Esc>
② 用【偏移】命令将矮柜内水平和垂直轮廓线各向内偏移 250。
(4) 绘制矮柜上的台灯。
① 用【圆】命令绘制灯罩。
命令：Circle 指定圆的圆心或 [三点(3P)/两点(2P)/相切、相切、半径(T)]：
指定圆的半径或 [直径(D)] <70>：70

② 用【偏移】命令绘制灯罩外轮廓，如图 7.14 所示。

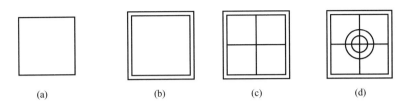

图 7.14 沙发角部矮柜

7.1.4 实例总结

绘制建筑平面图时，经常要绘制一些家具。建议将各种家具建立在家具库中，这样就可以在不同的工程绘图中方便地调用这些图形，从而提高工作效率。建立图库的方法是选择【写块】命令将家具定义为相应的块，保存在文件夹中即可。在创建家具库时，最好按足尺绘图，这样插入不同比例的图中，直接可以按照图的比例换算。

7.2 卧室平面布置图

7.2.1 学习目标

卧室平面图主要是绘制卧室的轮廓线并进行室内布置，注意综合利用前面所学的命令进行简单的室内家具布置。卧室平面图中床是必不可少的组成部分，也是家庭装饰设计中很重要的一块，本节将主要介绍床、床头柜、局部地毯及卧室衣柜等的绘制方法。

7.2.2 实例分析

卧室平面布置图如图 7.15 所示，主要由床、床头柜、地毯及衣柜组成。使用【矩形】命令，确定床的大小和床头柜的造型。使用【分解】、【偏移】、【直线】等命令绘制床平面图块造型。使用【圆】、【修剪】命令绘制床头柜平面台灯造型及地面地毯造型。最后使用【填充】命令对地毯进行材质填充。使用【矩形】和【直线】命令，可灵活采用【复制】命令绘制卧室衣柜，插入图中适当位置。

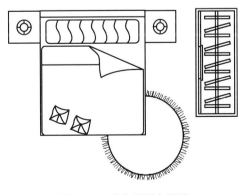

图 7.15 卧室平面布置图

7.2.3 操作过程

步骤一：使用【矩形】、【分解】、【多段线】、【偏移】等命令绘制床。

（1）单击【图层】工具栏右侧的下拉箭头，设置"床图层"为当前层。在命令行中输入 Rectang 命令并按下空格键，在绘图区绘制一个 2100mm×1800mm 的矩形框，表示床平面图块的外轮廓线，如图 7.16 所示。

（2）使用【分解】命令将矩形分解，然后用【偏移】命令将线段偏移，绘制出床头和被子的轮廓线，如图 7.17 所示。

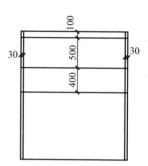

图 7.16 绘制床外轮廓线　　　　图 7.17 分解外轮廓线后偏移线段

（3）修剪多余线段，绘制被子的卷边、靠垫，如图 7.18 所示。

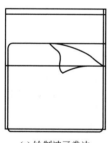
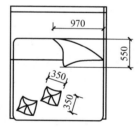

(a) 绘制被子卷边　　　　　　(b) 绘制靠垫

图 7.18 绘制被子卷边及靠垫等

使用【多段线】的命令，根据大概尺寸随意绘制被子的卷边、靠垫，如图 7.18 所示。因为这些物件的形状都具有随意性，所以并没有具体的绘制方法，每一个人绘制出来都不一样，把握大致的尺寸和形状即可。

（4）按下列步骤绘制双人枕头，如图 7.19 所示。

(a)　　　　　　(b)　　　　　　(c)

图 7.19 绘制双人枕

① 用【矩形】命令绘制双人枕的轮廓。
② 用【分解】命令分解矩形。

③ 用【圆角】命令修改双人枕的角部。
④ 用【样条曲线】绘制双人枕的花纹。

将绘制好的枕头插入床中的适当位置，如图 7.20 所示。

（5）使用【圆】命令，绘制一个半径为 400mm 的圆，作为局部地毯的轮廓线，如图 7.21(a)所示。

使用【修剪】命令，剪掉和床重合部分多余的线段，并使用【直线】命令，绘制地毯的花边，最后用【填充】命令填充地毯内部，如图 7.21(b)所示。

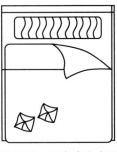

图 7.20　双人床完成图

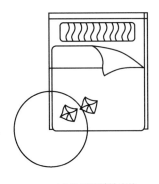 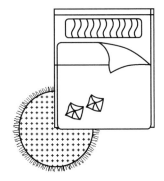

(a) 绘制地毯轮廓线　　　　　　　　(b) 完善地毯

图 7.21　绘制地毯

步骤二：绘制床头柜

用【矩形】、【分解】、【偏移】、【圆】等命令绘制床头柜并插入图中适当位置。

（1）用【矩形】命令绘制 550mm×550mm 的床头柜轮廓。

命令：Rectang

指定第一个角点或 ［倒角(C)/标高(E)/圆角(F)/厚度(T)/宽度(W)］：（指定第一个角点）

指定另一个角点或 ［面积(A)/尺寸(D)/旋转(R)］：D

指定矩形的长度 <10>：550

指定矩形的宽度 <10>：550

指定另一个角点或 ［面积(A)/尺寸(D)/旋转(R)］：<Esc>

（2）用【分解】命令分解矩形。

（3）将分解后的线段向内偏移 275mm，确定矩形中心。

（4）在中心处绘制台灯。

捕捉床头柜中点为圆心绘制半径分别为 70mm 和 100mm 的圆，表示床头柜上的台灯，如图 7.22 所示。

使用【复制】命令，将绘制好的床头柜放在床的两侧，如图 7.23 所示。

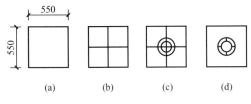

图 7.22　床头柜绘制步骤

步骤三：绘制卧室衣柜

（1）选择【矩形】命令，在绘图区绘制

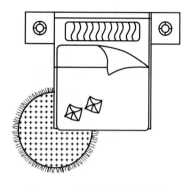

图 7.23 将绘制好的床头柜放在床的两侧

一个矩形框,表示衣柜平面的外框,具体尺寸如图 7.24(a)所示。

(2)选择【偏移】命令,将刚才绘制的矩形框向内偏移距离为 20mm。

(3)在绘图区绘制一个 1200mm×60mm 的矩形框,表示衣柜推拉门,并将其插入矩形框内适当位置,如图 7.24(b)所示。

(4)选择【直线】命令,打开【捕捉】开关,捕捉刚才偏移完成的矩形框左边垂直线段的中点,向右移动光标绘制水平线段,将绘制好的线段向下或向上偏移 20mm 后,形成晾衣杆,如图 7.24(c)所示。

(5)选择【矩形】命令,绘制一个 450mm×40mm 的矩形框,表示衣柜衣架平面图块,如图 7.24(d)所示。

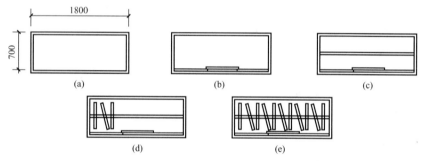

图 7.24 卧室衣柜绘制步骤

(6)选择【多线】命令绘制斜放的衣架,再用【复制】命令复制其余衣架,如图 7.24(e)所示。

7.2.4 相关知识

一般单人床的宽度为 900mm、1050mm、1200mm,长度为 1800mm、1860mm、2000mm、2100mm;一般双人床的宽度为 1350mm、1500mm、1800mm,长度为 1800mm、1860mm、2000mm、2100mm。一般常用圆床直径为 1860mm、2125mm、2424mm。

一般衣柜平开门的宽度为 400~600mm;深度为 600~650mm。

7.3 卫生间座便器

7.3.1 学习目标

现代室内建筑设计中,座便器是卫生间中必不可少的洁具,起着非常重要的作用。本例向读者介绍卫生间座便器的基本绘制方法。

7.3.2 实例分析

现代室内建筑设计中，座便器是卫生间必不可少的洁具，起着非常重要的作用。现代家居中的座便器，不仅要满足使用功能，在造型上也要求美观。本案例的马桶造型是由弧线构成的，所以【圆弧】命令的使用技巧是本案例的重难点。绘制时首先使用【圆】和【椭圆】命令绘制圆弧，然后使用【修剪】命令，将多余的线段进行修剪处理。

7.3.3 操作过程

步骤一：绘制卫生间座便器

(1) 使用【椭圆】(Ellipse)、【圆】和【修剪】命令，绘制座便器弧形平面。

命令操作步骤如下。

① 命令：Ellipse

指定椭圆的轴端点或 [圆弧(A)/中心点(C)]：C

指定椭圆的中心点：(用鼠标指定椭圆的中心点)

指定轴的端点：<正交 开>300(按下 F8 键打开正交功能，向右移动鼠标并在命令行中输入 300，指定轴的端点)

指定另一条半轴长度或 [旋转(R)]：170(在命令行中输入 170，按回车键结束椭圆命令，其图形效果如图 7.25 所示)

② 命令：Circle

指定圆的圆心或 [三点(3P)/两点(2P)/相切、相切、半径(T)]：(用捕捉命令确定圆心位置)

指定圆的半径或 [直径(D)] <170>：170(在命令行中输入 170，按回车键结束圆命令，其图形效果如图 7.25 所示)

③ 用【修剪】命令将多余弧线删除。

命令：Trim

当前设置：投影=UCS，边=无

选择剪切边...

选择对象或 <全部选择>：(选择椭圆和圆)

指定对角点：找到两个

选择要修剪的对象，或按住 Shift 键选择要延伸的对象，或 [栏选(F)/窗交(C)/投影(P)/边(E)/删除(R)/放弃(U)]：(选择要修剪的对象，圆或椭圆)

选择要修剪的对象，或按住 Shift 键选择要延伸的对象，或 [栏选(F)/窗交(C)/投影(P)/边(E)/删除(R)/放弃(U)]：(选择要修剪的对象，圆或椭圆，按回车键结束圆命令，其图形效果如图 7.25 所示)

(2) 绘制水箱。在命令行中输入 Rectang 命令，在绘图区绘制 450mm×160mm 的矩形，表示座便器水箱，如图 7.26(a)所示并用【移动】命令将其移动至刚才绘制的圆弧位置，注意与之相切，如图 7.26(b)所示。这里要设置并使用【捕捉】功能，捕捉设置如图 7.27 所示，选中【中点】和【最近点】复选框，便于精确定位。

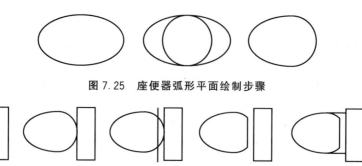

图 7.25 座便器弧形平面绘制步骤

(a)　　　　(b)　　　　(c)　　　　(d)　　　　(e)

图 7.26 座便器绘制步骤

图 7.27 对象捕捉设置

(3) 将矩形分解,然后将与弧形相切一侧直线向左侧偏移 60mm,并用【修剪】命令去除多余线段,如图 7.26(c)和(d)所示。

(4) 使用【圆角】命令,设置圆角半径为 30,对矩形水箱进行圆角处理,如图 7.26(e)所示。

(5) 使用【直线】命令,捕捉弧线的一个端点并向右绘制一条与水箱边线相交的线,同理绘制另外一条直线。

7.3.4 实例总结

厨房中还有水池等,卫生间还可能有浴盆、面盆等图形元素,以及上下水管道和地漏等,绘制方法不再一一赘述。绘制时,一些图案可以从 AutoCAD 的图库中得到。选择【插入】→【块】命令,在弹出的【插入】对话框上单击【浏览】按钮,打开 AutoCAD 目录下的 Sample 文件夹里的 Design Center,寻找到 Kitchens 文件。单击【打开】按钮,就会看到一些绘制厨房时常用的图案。在 Design Center 文件夹里 House Designer 文件中有关于卫生间的设备图案。

本 章 小 结

1. 房屋布置图基本知识

房屋布置图是建筑平面图中为表达室内物品(或设备)的布置,从而更准确地进行建筑平面功能划分,合理确定房间几何尺寸等而绘制的施工图。在建筑方案阶段,往往需要局部平面上的房屋布置图以表达使用期间的物品摆放、设备排列等。不同功能的建筑,其房间布置图不同。

2. 房间布置图实例绘图

本章以典型住宅建筑中的客厅、卧室及卫生间布置图为例进行说明。需要注意的是,不同功能建筑物中的物品及设备不同,因此会有不同的房间布置要求。

3. 房间布置图绘制基本命令

房间布置图基本属于局部平面图中的详图,绘制中可能需要插入外部图块对象,也可使用自制图块对象以提高绘图效率。

习 题

1. 房间布置图主要在什么情况下需要绘制?
2. 完成下图的建筑平面图绘制,并绘制卫生间布置图。卫生间布置图单独保存为 Buzhi.dwg 文件。

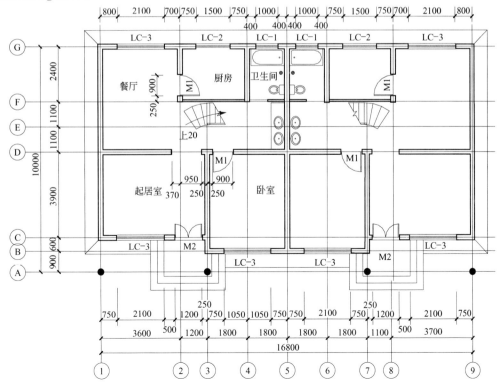

3. 完成下图的卫生间布置图绘制,文件保存为 Toilet.dwg 文件。

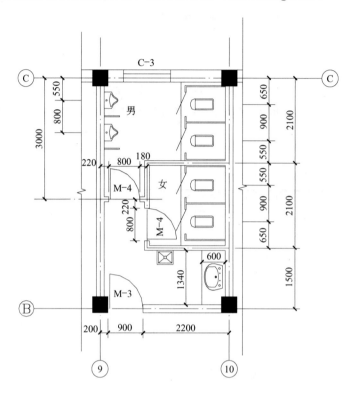

第 8 章
建 筑 详 图

教学目标

(1) 掌握建筑详图绘制基本知识。
(2) 掌握典型建筑详图的绘制技巧。

教学要求

知 识 要 点	能 力 要 求	相 关 知 识
建筑详图基本知识	掌握建筑详图基本知识和内容	建筑制图知识 建筑制图标准
建筑详图绘制	通过实例掌握建筑详图的绘制技巧	AutoCAD 绘图知识
基本绘图命令	掌握建筑详图绘制中的相关命令	AutoCAD 命令

8.1 建筑详图基本知识

对房屋细部或构配件用较大的比例(1∶20、1∶10、1∶5、1∶2、1∶1等)将其形状、大小、用料和做法，按正投影图的画法，详细地表示出来的图样，称为建筑详图，简称详图。建筑详图的图示内容主要有如下几个部分。

(1) 详图的名称、比例。
(2) 详图符号及其编号以及再需另画详图时的索引符号。
(3) 建筑构配件的形状以及其他构配件的详细构造、层次、有关的详细尺寸和材料图例等。
(4) 各部位、各个层次的用料、做法、颜色以及施工要求等。
(5) 定位轴线及其编号。
(6) 标高的表示。

详图的图示方法，视细部的构造复杂程度而定。有时只需一个剖面详图就能表达清楚(如墙身剖面图)。有时则需另加平面详图(如楼梯间、卫生间)或立面详图(如门窗)。有时还要另加一幅轴测图作为补充说明，不过一般施工图中可不画。详图的特点：一是比例较大；二是图示详尽清楚(表示构造合理，用料以及做法适宜)；三是尺寸标注齐全。

详图的种类和数量与工程的规模、结构的形式、造型的复杂程度等密切相关。常用的详图有：楼梯间详图、门窗详图、卫生间详图、厨房详图、墙体剖面详图等。本章只介绍几个常见详图的绘制方法，以说明 AutoCAD 绘制建筑详图的方法。

8.2 水平栏杆

8.2.1 学习目标

学习建筑图纸中水平栏杆的绘制方法和一般技巧。

8.2.2 实例分析

水平栏杆主要由细栏杆和扶手构成，线形单一、图形规则，如图 8.1 所示，可采【偏移】、【复制】、【阵列】等命令用多种方法灵活绘制。

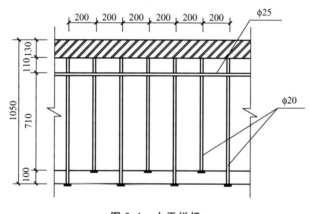

图 8.1 水平栏杆

8.2.3 操作过程

步骤一：绘制栏杆扶手
1. 绘制垂直线
扶手总高度 1050mm，在绘制扶手在图形区适当位置绘制一条比图示中直线稍长的线段
命令：Line
指定第一点：（用鼠标拾取一点）
指定下一点或［放弃(U)］：＜正交 开＞1200
指定下一点或［放弃(U)］：＜Enter＞
其余线段的绘制可采用【偏移】、【复制】或【阵列】等命令绘制，如图 8.2(a)所示。
2. 绘制水平线
用绘制垂直线段相同的方法，如图 8.2(b)所示。
3. 绘制剖断线
命令：Line 指定第一点：（在适当位置拾取一点 a）

指定下一点或 [放弃(U)]：＜正交 开＞（b 点）
指定下一点或 [放弃(U)]：（c 点）
指定下一点或 [闭合(C)/放弃(U)]：＜正交 关＞（d 点）
指定下一点或 [闭合(C)/放弃(U)]：（e 点）
指定下一点或 [闭合(C)/放弃(U)]：＜正交 开＞（f 点）
指定下一点或 [闭合(C)/放弃(U)]：＜Enter＞

体会灵活应用【正交】命令快速精确绘图。

可先绘制如图 8.3 所示的剖断线后，复制到图中所需位置，如图 8.2(c)所示。

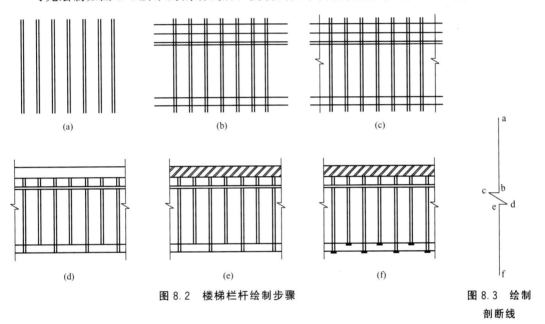

图 8.2　楼梯栏杆绘制步骤　　　　　　图 8.3　绘制剖断线

步骤二：修剪扶手线

用【修剪】命令将多余的线段修剪。注意在修剪时将需要修剪的部位局部放大，以便于修剪。修剪后的图形如图 8.2(d)所示。

步骤三：填充钢板

用【填充】命令将扶手处的钢板部位填充，注意填充材料的选择和比例的设置，填充后的效果如图 8.2(e)所示。

步骤四：绘制栏杆底部预埋件

可用【矩形】命令绘制矩形后进行实体填充，或采用【多段线】命令并定义适当线宽，绘制好的图形如图 8.2(f)所示。

步骤五：文本标注

用【线性标注】和【连续标注】命令标注栏杆的尺寸，如图 8.1 所示。

8.2.4　实例总结

本章主要介绍建筑详图的绘制方法。详图用来表达一些建筑结构的具体形式和尺寸、用料等细节，需要绘制的元素比较多，绘制时应注意与其他建筑图纸的一致性。一般的建筑详图,利用【直线】、【多线】、【矩形】、【圆】等命令就可以绘制。在使用 AutoCAD 绘制建筑详图时,注意多利用修改工具,这样绘制工作就会进行得更快、更准确。

8.2.5 相关知识

(1) 托儿所、幼儿园、中小学及少年儿童专用活动场所的楼梯,梯井净宽大于 0.2m 时,必须采取防止少年儿童攀滑措施;楼梯栏杆应采取不易攀登的构造,当采用垂直杆件做栏杆时,其杆件净距不应大于 0.11m。除设成人扶手外,并应在靠墙一侧设幼儿扶手,其高度不应大于 0.60m。

(2) 阳台、外廊、室内回廊、内天井、上人屋面及室外楼梯等临空处应设置防护栏杆,并应符合临空高度在 24m 以下时,栏杆高度不应低于 1.10m。栏杆高度应从楼地面或屋面至栏杆扶手顶面垂直高度计算,如底部有宽度大于或等于 0.22m,且高度低于或等于 0.45m 的可踏部位,应从可踏部位顶面计算。栏杆离地面或屋面 0.10m 高度宽度内不应留空。

(3) 承受水平荷载的栏杆玻璃位于建筑高度≥5m 时,应使用钢化夹层玻璃,厚度不小于 12mm。

8.3 外墙墙身详图——勒角详图

8.3.1 学习目标

本节将介绍运用 AutoCAD 设计并绘制某新建房屋的外墙身剖面节点详图,绘制结果如图 8.4 所示。

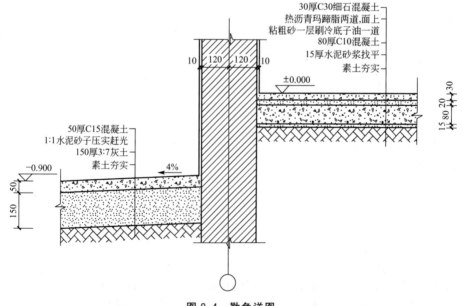

图 8.4 勒角详图

8.3.2 实例分析

外墙墙身详图实际上是建筑剖面图的局部放大图,它表达房屋的屋面、楼层、地面和檐口构造、楼板与墙的连接、门窗顶、窗台和勒脚、散水等处构造的情况,是施工的重要依据。多层房屋中,若各层的情况一样,可只画底层、顶层或加一个中间层来表示。画图时,往往在窗洞中间处断开,成为几个节点详图的组合。有时,也可不画整个墙身的详图,而是把各个节点的详图分别单独绘制。本例所示即为其中勒脚部位详图。

8.3.3 操作过程

步骤一:设置绘图环境

(1) 新建一个绘图文件。
(2) 设置绘图单位,将精度设置为0.0,设置方法可参考前几章。
(3) 设置图形界限。设置的绘图面积为297×420,即A3图纸的大小。
(4) 设置线型。加载绘制本图需要用到的线型,如虚线、点划线等。
(5) 设置图层。这个图形相对比较简单,除了系统默认的图层外,依次创建"辅助线"、"轮廓"、"剖面材料"、"标注"等图层。
(6) 设置标注样式。
(7) 设置文字样式。

步骤二:绘制墙体轮廓线

(1) 用【直线】命令绘制一条墙线。

命令:Line

指定第一点:(用鼠标拾取一点)

指定下一点或 [放弃(U)]:1500

(2) 根据墙线之间的距离用【复制】命令绘制其余墙线。

命令:Copy

选择对象:找到1个(选择墙线)

指定基点或 [位移(D)]<位移>:

指定第二个点或 <使用第一个点作为位移>:10(第二条墙线与第一条墙线之间的距离)

指定第二个点或 [退出(E)/放弃(U)]<退出>:130(第三条墙线与第一条墙线之间的距离)

指定第二个点或 [退出(E)/放弃(U)]<退出>:250(第四条墙线与第一条墙线之间的距离)

指定第二个点或 [退出(E)/放弃(U)]<退出>:260(第五条墙线与第一条墙线之间的距离)

指定第二个点或 [退出(E)/放弃(U)]<退出>:*取消*

绘制好墙线如图8.5所示。

步骤三:绘制散水轮廓线

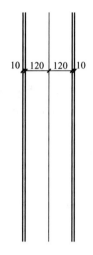

图 8.5 墙线绘制

散水坡度4%,图中可用角度4%的几条平行线表示,如图8.6所示。

(1)用【直线】命令绘制一条斜线。

命令:Line

指定第一点:在外墙线适当位置拾取一点

指定下一点或[放弃(U)]:@1000<182(用相对坐标的方式绘制斜线)

指定下一点或[放弃(U)]:*取消*

(2)用【复制】命令绘制其余线段。

命令:Copy

选择对象:找到1个(选择斜线)

指定基点或[位移(D)]<位移>:

指定第二个点或<使用第一个点作为位移>:50(第二条线与第一条线之间的距离)

指定第二个点或[退出(E)/放弃(U)]<退出>:200(第三条线与第一条线之间的距离)

指定第二个点或[退出(E)/放弃(U)]<退出>:250(第四条线与第一条线之间的距离)

指定第二个点或[退出(E)/放弃(U)]<退出>:*取消*

绘制好的散水线段如图8.6所示。

(3)绘制剖断线。绘制剖断线并插入图中的适当位置。

步骤四:绘制底层楼板轮廓线

楼板为水平线段,绘制方法与散水基本相同,这里不再累述。绘制好的图形如图8.7所示。注意室内外高差为900mm,如图8.7所示。

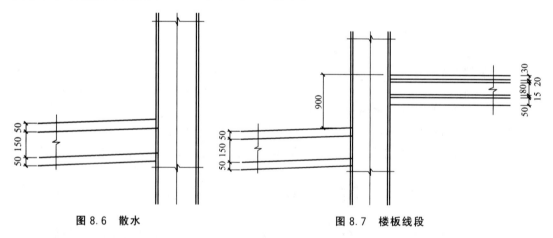

图 8.6 散水   图 8.7 楼板线段

步骤五:填充材料

本例详图中材料较多,剖切到的除了混凝土、砂浆、砖墙外,还有素土。混凝土的填充图样用 AR-CONC,浆的填充图样用 AR-SAND,墙体的填充图样用 ANSI31,素土的填充图样用 AR-HBONE,填充后图形如图8.8所示。在填充过程中注意比例的修改。

步骤六:修剪并删除多余线段,标注图形

处理后图形如图8.4所示。

第8章 建筑详图

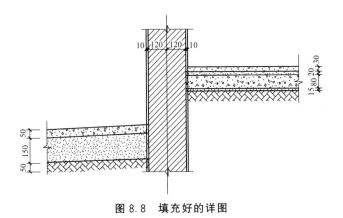

图 8.8　填充好的详图

8.3.4　实例总结

详图上，标注的数量不是很多，但是由于详图是一些建筑结构的详细描述，它所标注的尺寸都是直接反映在施工上的，因此十分重要。标注设置在绘图前已经基本完成，直接标注即可。一些重要部位的标高也要表示出来。

详图上的文字说明是直接描述了结构的一些具体要求。书写时要简明扼要，而且在布置文字时，讲究协调、合理。详图中的尺寸很重要，在具体绘制的时候应该详细标出。在本例中没有给出建筑细节的尺寸，在实际工程制图当中，是需要给出详细尺寸的。

图中室内墙脚做有踢脚板，以保护墙壁。图中应说明其做法，读者可再自行标注。踢脚板的厚度可等于或大于内墙面的粉刷层。若厚度一样，在其立面可不画出其分界线。

本 章 小 结

1．建筑详图基本知识

建筑详图是建筑平面图（或立面图、剖面图）中为局部表达详细的建筑构造做法，而局部放大比例绘制的详图。建筑详图有从平面图上取出的局部，也有从立面图或剖面图上取出的局部。

2．建筑详图实例绘图

建筑详图的类型很多，本章以典型楼梯水平栏杆和建筑外墙勒脚详图为例，详细说明了建筑详图的绘制方法。

3．建筑详图绘制基本命令

相比较其他建筑图，建筑详图的比例较大，绘制中可能需要插入外部图块对象，也可使用自制图块对象以提高绘图效率。

习 题

1．说明建筑详图的作用。

2．完成下图的建筑详图绘制，文件保存为 Xiangtu.dwg 文件。

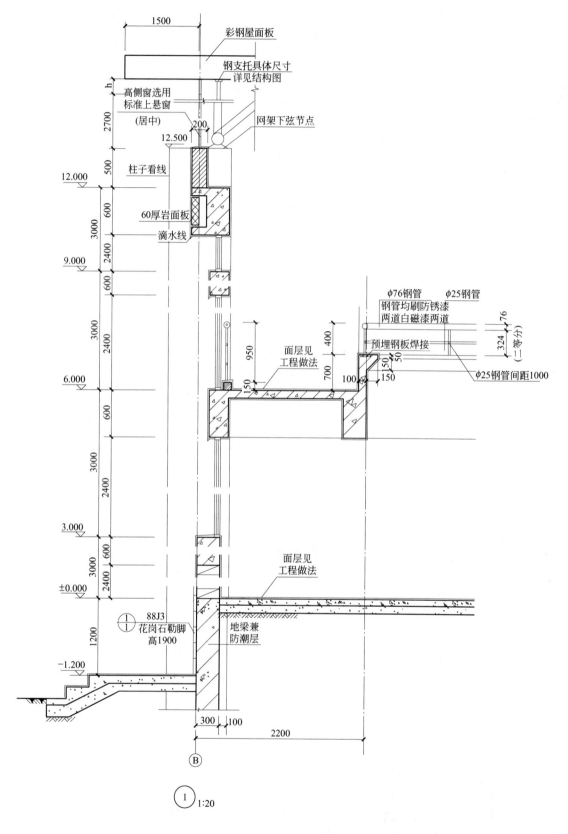

第9章
结构施工图——钢筋混凝土结构

教学目标

(1) 掌握钢筋混凝土结构施工图绘制基本知识。
(2) 掌握典型钢筋混凝土结构施工图的绘制技巧。

教学要求

知识要点	能力要求	相关知识
钢筋混凝土结构施工图基本知识	掌握钢筋混凝土结构施工图基本知识和内容	建筑结构制图知识 建筑结构制图标准 钢筋混凝土结构构造
钢筋混凝土结构施工图绘制	通过实例掌握钢筋混凝土结构施工图的绘制技巧	AutoCAD绘图知识
基本绘图命令	掌握钢筋混凝土结构施工图绘制中的相关命令	AutoCAD命令

施工图设计是根据已批准的初步设计或设计方案而编制的可供进行施工和安装的设计文件。施工图设计内容以图纸为主,包括封面、图纸目录、设计说明(或首页)、图纸、工程预算等。施工图设计文件编制深度应按中华人民共和国建设部批准的《建筑工程设计文件编制深度的规定》(建质〔2008〕216号)有关部分执行。设计文件要求齐全、完整,内容、深度应符合规定,文字说明、图纸要准确清晰,整个设计文件应经过严格的校审,经各级设计人员签字后,方能提出。

钢筋混凝土结构是工程建设中最常见的结构形式,钢筋混凝土结构施工图是该类结构进行结构施工建设的依据。本章详细介绍从建筑平面图入手,绘制钢筋混凝土楼板结构配筋图、楼梯结构配筋图、钢筋混凝土柱截面详图、基础平面布置图及独立基础详图的绘制过程,基本上涵盖了钢筋混凝土结构施工图中常见的类型。学习本章知识时建议预习并掌握钢筋混凝土结构的设计方法、结构图表达要求及构造要求等。

9.1 楼板结构配筋图

9.1.1 学习目标

本节将在上述对结构施工图知识介绍的基础上,运用AutoCAD设计并绘制某结构楼板配筋图,如图9.1所示。

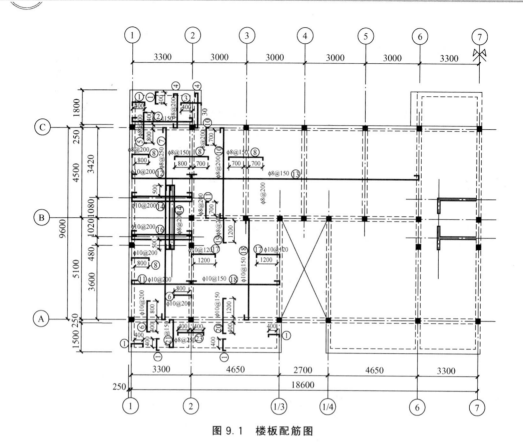

图 9.1 楼板配筋图

9.1.2 实例分析

图 9.1 所示钢筋混凝土现浇板中既有单向板又有双向板。单向板可仅在板的受力方向(长边方向)配置受力钢筋,如图中㉑号钢筋,双向板由于是双向受力,因此,在两个方向均要配置受力钢筋,如图中②、④、⑦、⑩、⑫、⑬、⑯、⑱、㉑号钢筋等,这些钢筋主要抵抗跨中正弯矩,因此称为正钢筋。在板的支座出还需配置抵抗支座负弯矩的支座负钢筋,如图中⑤、⑧、⑨、⑳、㉒号钢筋等,上述钢筋称为受力钢筋。此外还要根据构造要求配置一定的构造钢筋,如图中的①、③、⑥、⑪、⑰、⑲号钢筋等。(关于楼板的具体内容参见本例相关知识。)

结构平面图中配置双层钢筋时,底层正钢筋弯钩应向上或者向左画出,顶层负钢筋弯钩应向下或向右画出,且应是 90°直钩。

9.1.3 操作过程

结构平面布置图可以在建筑平面图的基础上绘制,步骤如下。

步骤一:为了方便起见,将建筑平面布置图中多余部分删去,仅保留墙柱、轴线和部分尺寸标注,如图 9.2 所示。然后在此图的基础上绘制出梁的布置图,由于梁在板的下方,无法看见,因此用虚线表示,如图 9.3 所示。最后将楼板编号,相同的楼板配筋一样,不需重复绘制,因此,一共有 6 块楼板需要配筋,如图 9.4 所示。

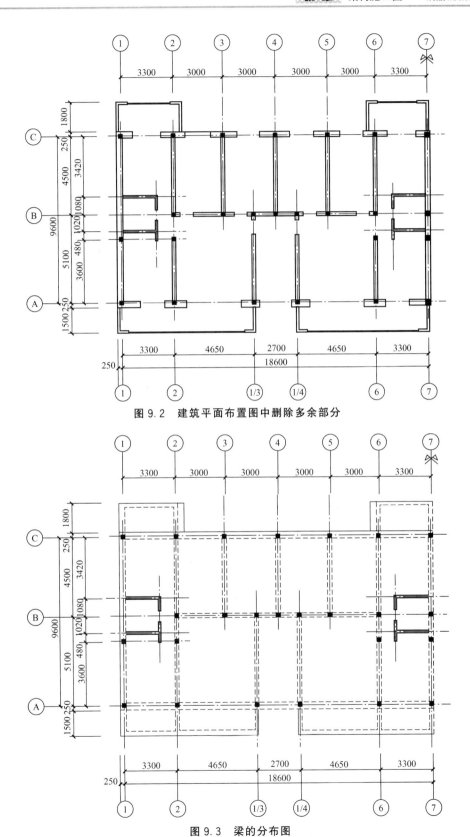

图 9.2 建筑平面布置图中删除多余部分

图 9.3 梁的分布图

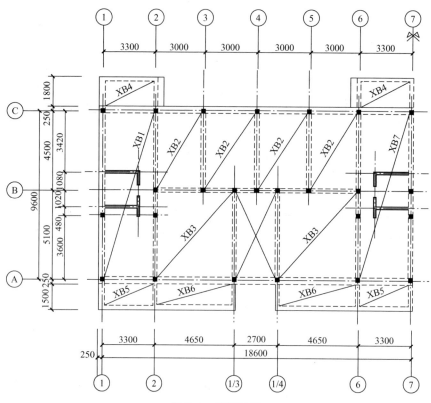

图 9.4 楼板编号

步骤二：绘制钢筋

结构楼板配筋图主要是表现楼板钢筋的配置，楼板钢筋主要有两种：一种是支座负钢筋，放置在楼板的上侧；一种是跨中正钢筋，放置在楼板的下侧。由于楼板中钢筋数目较多，以现浇板3（XB3）为例，如图9.5所示学习楼板钢筋的绘制方法。现浇板3的尺寸为5.1m×4.65m，为双向板，需要配置支座负钢筋（钢筋编号为⑰、⑲、⑳，如图9.1所示）和两个方向的跨中正钢筋（钢筋编号分别为⑯、⑱，如图9.1所示）。为了突出钢筋，在绘制时可用多线命令，定义线宽为60～80，例如，绘制⑯号钢筋。

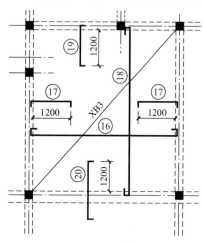

图 9.5 现浇板 3(XB3)配筋图

命令：Pline
指定起点：（在图中适当位置拾取一点）
当前线宽为 60
指定下一个点或 ［圆弧(A)/半宽(H)/长度(L)/放弃(U)/宽度(W)］：160
指定下一点或 ［圆弧(A)/闭合(C)/半宽(H)/长度(L)/放弃(U)/宽度(W)］：A
指定圆弧的端点或 ［角度(A)/圆心(CE)/闭合(CL)/方向(D)/半宽(H)/直线(L)/半径(R)/第二个点(S)/放弃(U)/宽度(W)］：160
指定圆弧的端点或 ［角度(A)/圆心(CE)/闭合(CL)/方向(D)/半宽(H)/直线(L)/半

径(R)/第二个点(S)/放弃(U)/宽度(W)]：L

指定下一点或［圆弧(A)/闭合(C)/半宽(H)/长度(L)/放弃(U)/宽度(W)]：4300

指定下一点或［圆弧(A)/闭合(C)/半宽(H)/长度(L)/放弃(U)/宽度(W)]：A

指定圆弧的端点或［角度(A)/圆心(CE)/闭合(CL)/方向(D)/半宽(H)/直线(L)/半径(R)/第二个点(S)/放弃(U)/宽度(W)]：160

指定圆弧的端点或［角度(A)/圆心(CE)/闭合(CL)/方向(D)/半宽(H)/直线(L)/半径(R)/第二个点(S)/放弃(U)/宽度(W)]：L

指定下一点或［圆弧(A)/闭合(C)/半宽(H)/长度(L)/放弃(U)/宽度(W)]：160

指定下一点或［圆弧(A)/闭合(C)/半宽(H)/长度(L)/放弃(U)/宽度(W)]：<Esc>

绘制⑰号钢筋

命令：Pline

指定起点：(在图中适当位置拾取一点)

当前线宽为 60

指定下一个点或［圆弧(A)/半宽(H)/长度(L)/放弃(U)/宽度(W)]：160

指定下一点或［圆弧(A)/闭合(C)/半宽(H)/长度(L)/放弃(U)/宽度(W)]：1320

指定下一点或［圆弧(A)/闭合(C)/半宽(H)/长度(L)/放弃(U)/宽度(W)]：160

指定下一点或［圆弧(A)/闭合(C)/半宽(H)/长度(L)/放弃(U)/宽度(W)]：<Esc>

其余钢筋的绘制方法基本相同，绘制好的楼板配筋图如图 9.6 所示。在绘制过程中可灵活应用【正交】命令准确绘图。

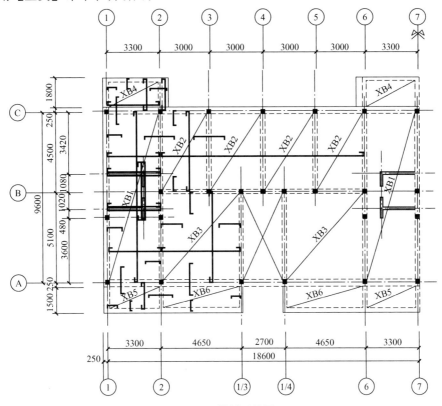

图 9.6　楼板配筋图

步骤三：钢筋标注

钢筋标注的主要内容包括：①钢筋的直径和间距；②钢筋的尺寸；③钢筋编号。

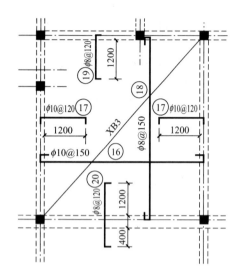

图9.7 现浇板3(XB3)配筋及钢筋标注

以现浇板3(XB3)为例，如图9.7所示。⑰号钢筋在钢筋的上侧标注有Φ10@120，表示钢筋级别为HPB235钢(Q235)，钢筋直径10mm，间距120mm放置。

⑰号钢筋布置在板左右两侧的支座上部，由标注可知，该钢筋为直径10mm的HPB235钢筋，沿轴线每隔120mm布置一根；⑲号钢筋也为支座上部钢筋，该钢筋为直径8mm的HPB235钢筋，沿轴线每隔120mm布置一根；⑯号和⑱号钢筋为下部钢筋，直径分别为8mm和10mm，间距均为150mm。

为了保证锚固可靠，板的钢筋一般采用半圆弯钩，但对于上部负钢筋，为保证施工时不致改变有效高度和位置，一般做成直钩以便支撑在模板上，直钩部分的钢筋长度为板厚减保护层厚度。

9.1.4 实例总结

配筋图的绘制及标注应该格外重视，任何细小的错误都可能造成实际中生命财产的巨大损失。结构平面布置图中主要应画出板的钢筋详图，表示受力筋的形状和配置情况，每种规格的钢筋只画一根。配置钢筋的多少是经过结构设计的结果，一般用直线就可以表达清楚。

9.1.5 相关知识

在钢筋混凝土结构设计规范中，对国产的建筑用钢筋，按其产品种类等级，分别给予不同代号，以便标注及识别，见表9-1。

表9-1 常用建筑用钢代号

钢筋种类	代号	钢筋种类		代号
HPB235	ϕ	钢绞线		ϕ^s
HRB335	Φ	消除应力钢丝	光面	ϕ^P
HRB400	Φ		螺旋肋	ϕ^H
RRB400	Φ^R		刻痕	ϕ^I
		热处理钢筋		ϕ^{HT}

1. 钢筋的一般表示方法

结构图中，通常用单根的粗实线表示钢筋的立面，用黑圆点表示钢筋的横断面。常见的具体表示方法见表9-2。

表9-2 常用钢筋表示方法

名称	图例	说明
钢筋横断面	●	
无弯钩的钢筋端部		下图表示长、短钢筋投影重叠时，短钢筋的端部用45°短划线表示
带半圆形弯钩的钢筋端部		
带直钩的钢筋端部		
带丝扣的钢筋端部		
无弯钩的钢筋搭接		交叉搭接
带半圆形弯钩的钢筋搭接		
带直钩的钢筋搭接		
花篮螺丝钢筋接头		
机械连接的钢筋接头		应用文字说明机械连接的方式（或冷挤压或锥螺纹）
焊接网	W-1	

2. 钢筋的标注方法

钢筋（或钢丝束）的说明应给出钢筋的数量、代号、直径、间距、编号以及所在位置，其说明应沿钢筋的长度标注或标注在有关的引出线上（一般如注出数量，可不注间距，如注出间距，就可不注数量。简单的构件，钢筋可不编号）。编号时，应适当照顾先主筋，后分布筋（或架力筋），逐一顺序编号。编号采用阿拉伯数字，写在直径为6mm的细线圆中，用平行或放射状的引出线从钢筋引向编号，并在相应编号引出线上对钢筋进行标注，图9.8所示为编号为①号的钢筋，一共6根，钢筋等级为一级，钢筋直径8mm，间距200mm布置。

图9.8 钢筋标注方法

9.2 楼梯配筋图

9.2.1 学习目标

学习楼梯配筋图的基本绘制方法。

9.2.2 实例分析

楼梯配筋图主要是表达楼梯钢筋的配置方法和数量,如图 9.9 所示,可以先绘制台阶轮廓线,然后进行钢筋的绘制和标注。可用【直线】命令绘制楼梯轮廓线,并灵活应用正交(F8)开关精确绘图,楼梯踏步可绘制一个,然后用【复制】命令生成其余踏步,钢筋用具有一定宽度的直线绘制,可采用【多段线】命令绘制,钢筋断面可采用【圆】或【圆弧】命令绘制。具体方法见操作过程。

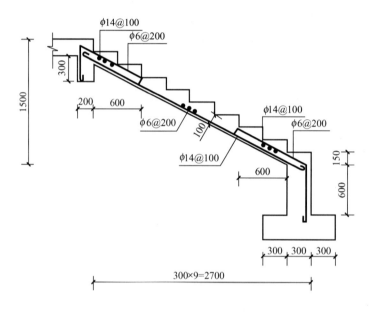

图 9.9 楼梯剖面图

9.2.3 操作过程

步骤一:绘图准备

右击 对象捕捉 按钮,在弹出的快捷菜单中选择【设置】命令,选择【端点】、【中点】和【垂足点】选项。

步骤二:绘制楼梯踏步

楼梯踏步高 150mm,宽 300mm,用细实线绘制。

(1)绘制一个踏步。

命令:Line

指定第一点:(在图面中适当位置拾取一点)

指定下一点或 [放弃(U)]:150

指定下一点或 [放弃(U)]:300

指定下一点或 [闭合(C)/放弃(U)]:

(2)复制其余踏步。

打开【对象捕捉】对话框，选择端点，用【复制】命令依次复制其余踏步，如图9.10所示。

（3）绘制其余轮廓线，具体尺寸如图9.9所示，在绘制时可灵活应用【正交】命令准确绘图。

命令：Line
指定第一点：（捕捉梯段下部端点，如图9.11所示）
指定下一点或［放弃(U)］：600

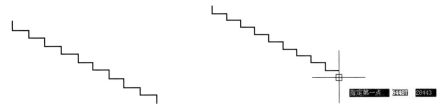

图9.10　楼梯踏步　　　　　　图9.11　捕捉梯段下部端点

指定下一点或［放弃(U)］：300
指定下一点或［闭合(C)/放弃(U)］：300
指定下一点或［闭合(C)/放弃(U)］：900
指定下一点或［闭合(C)/放弃(U)］：300
指定下一点或［闭合(C)/放弃(U)］：300
指定下一点或［闭合(C)/放弃(U)］：600
指定下一点或［闭合(C)/放弃(U)］：＜Esc＞
绘制好的图形如图9.11所示。
步骤三：绘制楼梯其余轮廓线
绘制好的图形如图9.12所示。

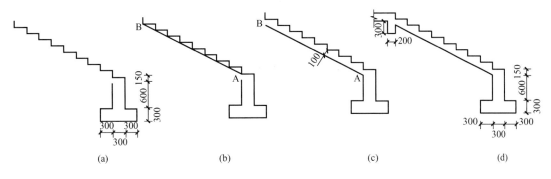

图9.12　楼梯轮廓绘制步骤

步骤四：绘制钢筋
由于钢筋具有一定的宽度，因此用【多段线】命令可方便绘制钢筋及钢筋弯钩。【多段线】中线宽可根据具体图形比例自行设定。

1．绘制钢筋
命令：Pline

指定起点：(在图中适当位置拾取一点，如图9.13(a)所示。)
当前线宽为3
指定下一个点或［圆弧(A)/半宽(H)/长度(L)/放弃(U)/宽度(W)］：[将鼠标向左平移至适当位置，如图9.13(b)所示]。
指定下一点或［圆弧(A)/闭合(C)/半宽(H)/长度(L)/放弃(U)/宽度(W)］：A
指定圆弧的端点或［角度(A)/圆心(CE)/闭合(CL)/方向(D)/半宽(H)/直线(L)/半径(R)/第二个点(S)/放弃(U)/宽度(W)］：(移动鼠标绘制圆弧，也可定义圆弧半径)
指定圆弧的端点或［角度(A)/圆心(CE)/闭合(CL)/方向(D)/半宽(H)/直线(L)/半径(R)/第二个点(S)/放弃(U)/宽度(W)］：L
指定下一点或［圆弧(A)/闭合(C)/半宽(H)/长度(L)/放弃(U)/宽度(W)］：[将鼠标向右平移至适当位置，如图9.13(c)所示]。
指定下一个点或［圆弧(A)/闭合(C)/半宽(H)/长度(L)/放弃(U)/宽度(W)］：<Enter>

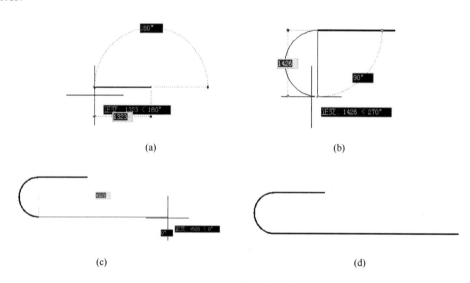

图9.13　钢筋绘制步骤

2. 绘制钢筋截面

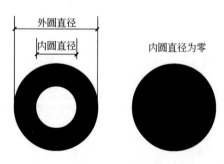

图9.14　圆环

钢筋截面的绘制方法有两种：一是用【圆】命令绘制圆，然后填充；一种是用【圆环】命令定义内径为零也可，这里用第二种方法，结果如图9.14所示。

命令：Donut
指定圆环的内径 <0>：
指定圆环的外径 <100>：25
指定圆环的中心点或 <退出>：(在需要钢筋截面的位置单击，放置钢筋，如图9.15所示)

步骤五：标注

1. 尺寸标注

用【线型标注】命令和【继续标注】命令标注水平和垂直的尺寸。

用【对其标注】命令标注其余方向尺寸。

2. 文本标注

标注后的尺寸如图 9.9 所示。

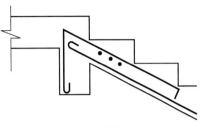

图 9.15 标注截断钢筋位置

9.2.4 命令详解

圆环命令(Donut)

圆环是在创建的封闭圆或圆环中具有宽度的多段线。圆环经常用于创建实心点。绘制一个圆环时，首先指定圆环的内径和外径，然后指定其中心。通过指定其他中心点还可以创建多个相同的圆环副本，直到按回车键、结束命令为止。

要创建一个圆环，可按下列步骤进行。

要创建一个实心圆，可将内径指定为 0。

(1) 使用以下任一种方法打开【圆环】命令。

● 从【绘图】下拉菜单中，选择【圆环】命令。

● 在"命令:"提示下，输入 Donut，并按回车键。

AutoCAD 提示如下。

指定圆环的内径<0.5000>：

(2) 指定圆环的内径。AutoCAD 提示如下。

指定圆环的外径<1.0000>：

(3) 指定圆环的外径。一旦指定了所有直径，将会出现一个以光标所在位置为中心的圆环的虚像。AutoCAD 提示如下。

指定圆环的中心点<退出>：

(4) 指定圆环的中心。AutoCAD 将绘制一个圆环，并重复上一个提示。

(5) 指定中心点，可以绘制另一个圆环，或是按回车键或 Esc 键，结束命令。

圆命令(Circle)

圆是另外一种 AutoCAD 常用的对象。创建圆的默认方式是：指定圆心和半径，也可以使用其他的方式创建圆。例如，可以通过指定圆心坐标和圆的直径来创建圆；或者指定两点，将其定义为圆的直径上的两个端点；或者在圆周上指定 3 个点。另外，也可以用指定的半径并与图形中已经创建的对象相切的条件创建圆，或是指定 3 个相切于 3 个对象的圆周上的点来创建圆。在每一种绘制圆的方式中，可以在图形中指定点或输入坐标，或组合使用这两种方法。

用指定圆心和半径的方法绘制圆，步骤如下所示。

(1) 使用以下任一种方法运行【圆】命令。

● 在【绘图】工具栏中，单击【圆】按钮。

● 从【绘图】下拉菜单中，选择【圆】→【圆心】→【半径】命令。

● 在"命令:"提示下，输入 Circle（或 C），并按回车键。

AutoCAD 提示如下：

指定圆的圆心或 [三点(3P)/两点(2P)/相切、相切、半径(T)]：

(2) 指定圆心位置。注意，此时橡皮筋线将从圆心延伸到光标位置，屏幕上将会显示一个圆。随着光标的移动，圆的尺寸相应地改变。

AutoCAD 提示如下：

指定圆的半径或 [直径(D)]：

(3) 通过指定半径的端点或输入半径值，并按回车键确定圆的半径。一旦确定了圆的半径，AutoCAD 将会绘制一个圆并结束【圆】命令。

创建一个与两个已经绘制的对象相切的圆，其具体步骤如下。

(1) 使用以下任一种方法运行【圆】命令。

● 在【绘图】工具栏中，单击【圆】按钮。
● 从【绘图】下拉菜单中，选择【圆】→【相切、相切】→【半径】命令。下转(3)。
● 在"命令："提示下，输入 Circle(或 C)，并按回车键。

AutoCAD 提示如下：

指定圆的圆心或 [三点(3P)/两点(2P)/相切、相切、半径(T)]：

(2) 单击右键，从快捷菜单中选择【相切、相切、半径】命令，或输入 TTR 并按回车键。AutoCAD 提示如下：

在对象上指定一点作圆的第一条切线：

(3) 选择第一个与圆相切的对象。

AutoCAD 提示如下：

在对象上指定一点作圆的第二条切线：

(4) 选择第二个与圆相切的对象。

AutoCAD 提示如下：

指定圆的半径 <缺省>：

(5) 指定圆的半径。可以输入半径的实际值，并按回车键，通过选择两点指定距离（半径即为这些点确定的距离），或按回车键接受默认的半径值。一旦指定了圆的半径，AutoCAD 将绘制一个圆并结束命令。

9.2.5 相关知识

钢筋混凝土结构中的钢筋，按其作用分类如下。

受力筋：承受拉、压应力的钢筋。用于梁、板、柱的受力筋还分为直筋和弯筋。
箍筋：承受一部分斜拉应力，并固定受力筋的位置，多用于梁和柱内。
架立筋：用以固定梁内箍筋位置，构成梁内的钢筋骨架。
分布筋：用于屋面板、楼板内，与板的受力筋垂直布置，将承受的重量均匀地传给受力筋，并固定受力筋的位置，以及抵抗热胀冷缩引起的温度变形。
其他钢筋：因构造要求或施工安装需要配置的构造筋，如腰筋、预埋锚固筋、吊环等。为保护钢筋、防蚀防火，及加强钢筋与混凝土的粘结力，构件中的钢筋外面要留有保护层。根据设计规范规定，梁、柱的保护层至少为 25mm，板和墙的保护层厚度为 10～15mm。如果受力筋用光圆钢筋，则两端要弯钩，以加强其与混凝土的粘结力，避免钢筋在受拉时滑动。

9.3 钢筋混凝土柱截面详图

钢筋混凝土结构中，梁柱截面的详图在土建施工图中非常重要，是施工人员的重要参考资料，而且数量较多，熟练绘制各种截面的详图可提高绘图效率。

9.3.1 学习目标

学习钢筋混凝土结构柱截面详图的绘制方法。

9.3.2 实例分析

钢筋混凝土柱截面为规则的矩形，如图9.16所示，因此可使用【矩形】命令绘制外轮廓，内部箍筋可用【多段线】命令绘制，或用【偏移】命令绘制箍筋后用【多段线编辑】命令定义线宽，受力钢筋的截面可采用上例的方法用【圆】或【圆环】命令绘制。

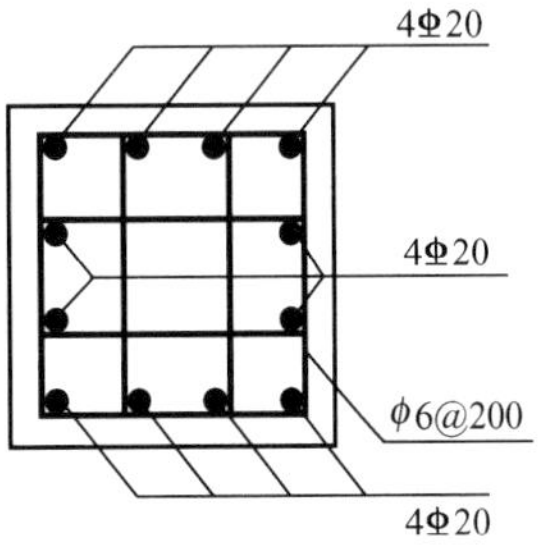

图9.16 钢筋混凝土柱截面详图

9.3.3 操作过程

步骤一：绘制柱截面轮廓线
命令：Rectang
指定第一个角点或［倒角(C)/标高(E)/圆角(F)/厚度(T)/宽度(W)］：
指定另一个角点或［面积(A)/尺寸(D)/旋转(R)］：D
指定矩形的长度 <10>：500
指定矩形的宽度 <10>：500
指定另一个角点或［面积(A)/尺寸(D)/旋转(R)］：<Esc>
步骤二：绘制钢筋
1. 绘制箍筋
将轮廓线向内偏移一个保护层的厚度，生成箍筋。
（1）偏移图形。
命令：Offset
当前设置：删除源=否 图层=源 OFFSETGAPTYPE=0
指定偏移距离或［通过(T)/删除(E)/图层(L)］<35>：40
指定第二点：选择要偏移的对象，或［退出(E)/放弃(U)］<退出>：（选择矩形轮廓线）
指定要偏移的那一侧上的点，或［退出(E)/多个(M)/放弃(U)］<退出>：（在矩形内侧拾取一点）
选择要偏移的对象，或［退出(E)/放弃(U)］<退出>：<Esc>

(2) 修改偏移线段的属性。

命令：Pedit

输入选项［打开(O)/合并(J)/宽度(W)/编辑顶点(E)/拟合(F)/样条曲线(S)/非曲线化(D)/线型生成(L)/放弃(U)］：W

指定所有线段的新宽度：10

输入选项［打开(O)/合并(J)/宽度(W)/编辑顶点(E)/拟合(F)/样条曲线(S)/非曲线化(D)/线型生成(L)/放弃(U)］：<Esc>

(3) 其余箍筋可用【多段线】命令绘制，如图 9.17 所示。

2. 绘制受力钢筋截面

受力钢筋参考例题"楼梯剖面图"中的方法绘制，绘制好的图形如图 9.17 所示。

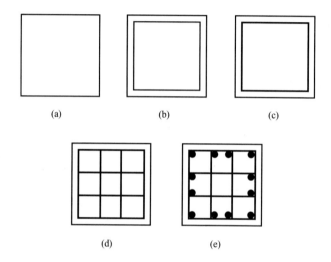

图 9.17　钢筋混凝土柱截面绘制步骤

步骤三：尺寸标注

用【线性标注】和【连续标注】命令标注尺寸。绘制好的图形如图 9.16 所示。

9.3.4　命令详解

多段线编辑命令(Pedit)：

利用 Pedit 命令可编辑多段线或者将非多段线定义为多段线并进行相应的编辑。Pedit 命令通过闭合和打开多段线，以及移动、添加或删除单个顶点来编辑多段线。可以在任何两个顶点之间拉直多段线，也可以切换线型以便在每个顶点前或后显示虚线。可以为整个多段线设置统一的宽度，也可以分别控制各个线段的宽度，还可以通过多段线创建线性近似样条曲线。

合并多段线：如果直线、圆弧或另一条多段线的端点相互连接或接近，则可以将它们合并到打开的多段线。如果端点不重合，而是相距一段可设定的距离(称为模糊距离)，则通过修剪、延伸或将端点用新的线段连接起来的方式来合并端点。

修改多段线特性：如果被合并到多段线的若干对象的特性不相同，则得到的多段线将继承所选择的第一个对象的特性。如果两条直线与一条多段线相接构成 Y 型，将选择其中一条直线并将其合并到多段线。一旦完成了合并，就可以拟合新的样条曲线生成多段线。

多段线的其他编辑操作：除大多数对象使用的一般编辑操作外，通过 Pedit 命令编辑及合并多段线还可以使用其他的编辑操作。

闭合：创建多段线的闭合线段，连接最后一条线段与第一条线段。除非使用【闭合】命令闭合多段线，否则将会认为多段线是开放的。

合并：将直线、圆弧或多段线添加到开放的多段线的端点，并从曲线拟合多段线中删除曲线拟合。要将对象合并至多段线，其端点必须接触。

宽度：为整个多段线指定新的统一宽度。使用【编辑顶点】命令中的【宽度】选项修改线段的起点宽度和端点宽度。

编辑顶点：通过在屏幕上绘制 X 来标记多段线的第一个顶点。如果已指定此顶点的切线方向，则在此方向上绘制箭头。

拟合：创建连接每一对顶点的平滑圆弧曲线。曲线经过多段线的所有顶点并使用任何指定的切线方向。

样条曲线：将选定多段线的顶点用作样条曲线拟合多段线的控制点或边框。除非原始多段线闭合，否则曲线经过第一个和最后一个控制点。

非曲线化：删除圆弧拟合或样条曲线拟合多段线插入的其他顶点并拉直多段线的所有线段。

线型生成：生成通过多段线顶点的连续图案的线型。此选项关闭时，将生成始末顶点处为虚线的线型。

例如：要将一条直线定义为多段线并定义其宽度为 20。

命令：Pedit

选择多段线或 ［多条(M)］：（选择直线）

选定的对象不是多段线。

是否将其转换为多段线？＜Y＞ Y(将直线转化为多段线)

输入选项 ［闭合(C)/合并(J)/宽度(W)/编辑顶点(E)/拟合(F)/样条曲线(S)/非曲线化(D)/线型生成(L)/放弃(U)］：W(定义多段线的宽度)

指定所有线段的新宽度：20

输入选项 ［闭合(C)/合并(J)/宽度(W)/编辑顶点(E)/拟合(F)/样条曲线(S)/非曲线化(D)/线型生成(L)/放弃(U)］：＜Esc＞

9.3.5 相关知识

构件详图一般包括模板图、配筋图、预埋件详图以及钢筋表。而钢筋图又分为立面图、断面图和钢筋详图。在图中主要标明构件的长度、断面形状与尺寸以及钢筋的型式与配置情况，也可表示模板尺寸、预留孔洞与预埋件的大小和位置，以及轴线和标高。构件详图在制作构件时为安装模板、钢筋加工、钢筋绑扎等工序提供依据。同时，现浇构件的详图中还应标明构件与其他构件的关系。

9.4 基础平面布置图

9.4.1 学习目标

学习基础平面图的布置原则及绘制方法。

9.4.2 实例分析

本例为独立基础的平面布置图,如图 9.18 所示,平面较规则,柱下独立基础布置在轴线交点处,可先将独立基础平面图绘制完成后用【复制】或【阵列】命令快速插入。

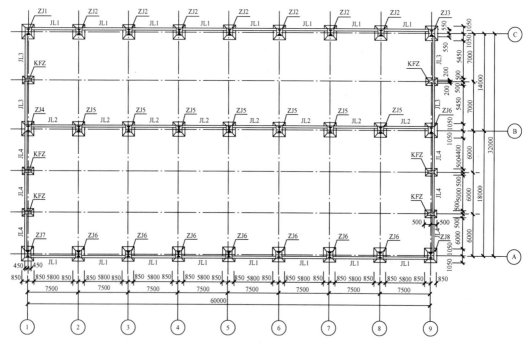

图 9.18 基础平面布置图

9.4.3 操作过程

步骤一:绘制轴线

轴线的绘制方法在 4.2 节"轴线"例题中有详细叙述,这里不再重复,绘好的轴线图如图 9.19 所示。

步骤二:绘制独立基础平面图,并定义为块,插入轴线的相应位置。

(1) 用【矩形】命令绘制基础外轮廓。

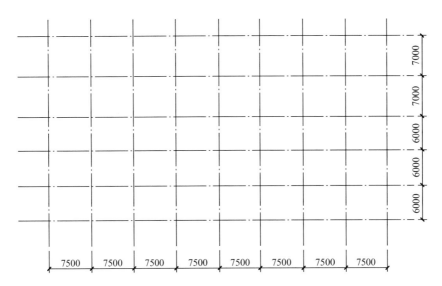

图 9.19 轴线图

命令：Rectang
指定第一个角点或［倒角(C)/标高(E)/圆角(F)/厚度(T)/宽度(W)］：（在屏幕上拾取一点）
指定另一个角点或［面积(A)/尺寸(D)/旋转(R)］：D
指定矩形的长度 <10>：1700
指定矩形的宽度 <10>：2100
指定另一个角点或［面积(A)/尺寸(D)/旋转(R)］：<Esc>

(2) 将矩形分解后，用【偏移】命令将矩形的每条边向内偏移图示的尺寸，并用【修剪】命令修剪多余线段，如图 9.20 所示。

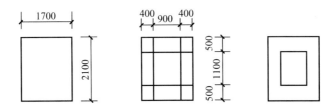

图 9.20 基础轮廓绘制

(3) 用【多段线】命令绘制工字型截面柱。
① 绘制工字型截面柱上翼缘。
命令：Pline
指定起点：（在屏幕上拾取一点）
当前线宽为 100
指定下一个点或［圆弧(A)/半宽(H)/长度(L)/放弃(U)/宽度(W)］：W（修改线宽，可根据具体图形定义线宽）
指定起点宽度 <100>：80

指定端点宽度＜80＞：80

指定下一个点或［圆弧(A)/半宽(H)/长度(L)/放弃(U)/宽度(W)］：＜正交 开＞300（打开正交开关，将鼠标向右移动，并输入工字型截面柱翼缘的长度300）

指定下一点或［圆弧（A）/闭合（C）/半宽（H）/长度（L）/放弃（U）/宽度（W）］：＜Enter＞

② 绘制工字型截面柱腹板。

命令：Pline

指定起点：＜对象捕捉 开＞（设置捕捉选项，选择中点，打开捕捉后用鼠标捕捉刚才绘制翼缘线段的中点）

当前线宽为 80

指定下一个点或［圆弧（A）/半宽（H）/长度（L）/放弃（U）/宽度（W）］：700（将鼠标向下移动，输入腹板高度700）

指定下一点或［圆弧（A）/闭合（C）/半宽（H）/长度（L）/放弃（U）/宽度（W）］：＜Enter＞

③ 用【复制】命令复制生成下翼缘，如图 9.21 所示。

④ 将绘制好的柱截面插入独立基础平面图中，如图 9.22 所示。

⑤ 可用相同的方法绘制抗风柱平面图，如图 9.23 所示。

图 9.21　工字型截面柱　　　图 9.22　独立基础平面　　　图 9.23　抗风柱基础平面

步骤三：将图设置成块后，插入轴线图中，如图 9.24 所示。

由于基础平面排列比较有规律，因此可以考虑用【阵列】的方法快速插入。

(1) 首先插入一列，如图 9.24 所示，注意用【捕捉】命令精确插入。

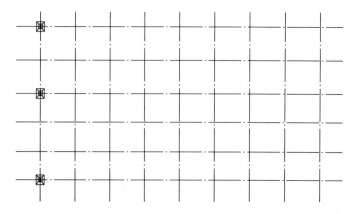

图 9.24　在轴线图中插入一列独立基础

（2）选择这一列的 3 个基础，单击【阵列】按钮，弹出【阵列】对话框，如图 9.25 所示。设置后，单击【确定】按钮，生成图 9.26 所示的基础布置图。

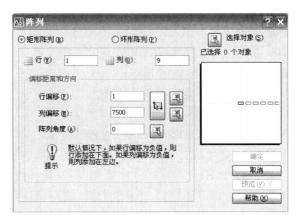

图 9.25　【阵列】对话框

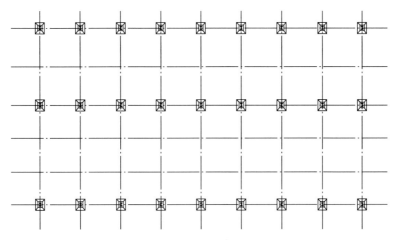

图 9.26　阵列后的基础平面图

（3）最后将抗风柱插入端部轴线处，如图 9.27 所示。

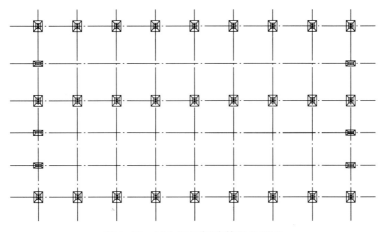

图 9.27　插入抗风柱的基础平面图

步骤四：绘制基础梁

(1) 用【直线】命令绘制基础梁的一条轮廓线。

命令：Line

指定第一点：＜对象捕捉 开＞

指定下一点或［放弃(U)］：(用鼠标捕捉 A 点)

指定下一点或［放弃(U)］：(用鼠标捕捉 B 点)

(2) 用【偏移】命令绘制基础梁的另外一条轮廓线。

命令：Offset

当前设置：删除源＝否 图层＝源 OFFSETGAPTYPE＝0

指定偏移距离或［通过(T)/删除(E)/图层(L)］＜通过＞：300(基础梁宽300)

选择要偏移的对象，或［退出(E)/放弃(U)］＜退出＞：(选择线段 AB)

指定要偏移的那一侧上的点，或［退出(E)/多个(M)/放弃(U)］＜退出＞：(在线段 AB 的下侧拾取一点)

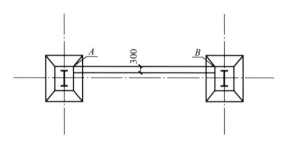

图 9.28　绘制基础梁

选择要偏移的对象，或［退出(E)/放弃(U)］＜退出＞：＜Enter＞

也可用【多段线】命令绘制基础梁，读者可自行练习。

绘制完成的部分基础梁如图 9.28 所示。

步骤五：修剪多余线段

对基础图进行继续完善，修剪多余的线段，最终结果如图 9.29 所示。

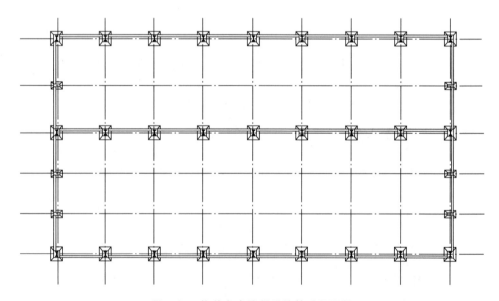

图 9.29　修剪多余线段后的基础平面图

步骤六：文本和尺寸标注

对基础平面图进行尺寸标注和文本标注，标注后的图形如图 9.18 所示。

9.4.4 相关知识

基础是建筑物室内地面(±0.000)以下部分,它的作用是将建筑物的自重及其荷载传给下面的地基。基础的形式有多种多样,如条型基础(常用于承重墙)、独立基础(常用于柱基础)、筏型基础、桩基础、箱型基础等。基础的形式一般取决于上部结构的形式、房屋的荷载大小以及地基承载力的不同。表达基础结构布置及构造的图形称为基础图。基础图是施工时放灰线(用石灰粉线在地面定出房屋定位轴线、墙身线、基础底面长宽线)、开挖基坑(即为基础施工开挖的土坑)、做垫层(使基础与地基有良好的接触,以便均匀传递压力)砌筑基础和管沟墙(根据水、暖、电等专业的需要而预留的洞以及砌筑的地沟)的依据。基础图包括基础平面图、基础详图。基础平面图是假想用贴近并平行于首层地坪的平面把整个建筑物切断,移去截断面以上部分及填土,将基础裸露出来并投影得到的水平剖视图。本节主要介绍基础结构布置图的图示特点和绘图方法。

基础的平面布置需要绘出基础、基础梁、柱以及基础底面的轮廓线,至于基础的细部轮廓线可省略不画。

9.5 独立基础详图

9.5.1 学习目标

基础详图中,一般要把整个基础外形尺寸、钢筋尺寸、杯口尺寸(独立基础)以及其他细部尺寸都标注清楚。由于基础中钢筋形状不太复杂,不必画出钢筋详图。基础详图对线型、比例的要求与钢筋混凝土梁、柱结构详图相同。通过本例的学习,使读者初步掌握独立基础详图的基本绘制方法和步骤。

9.5.2 实例分析

本实例拟完成图 9.30 所示的独立基础详图,整个设计过程包括设置绘图环境、绘制定位辅助线、绘制基础轮廓、绘制钢筋以及文字、尺寸标注、完善基础结构详图共 6 部分。前两部分要根据具体图形设置,这里不再详述。

9.5.3 操作过程

步骤一:绘制基础外轮廓
(1) 用【矩形】命令绘制基础顶部 50mm 厚的细石混凝土垫层。
命令:Rectang
指定第一个角点或 [倒角(C)/标高(E)/圆角(F)/厚度(T)/宽度(W)]:(用鼠标在图形区适当位置拾取一点)

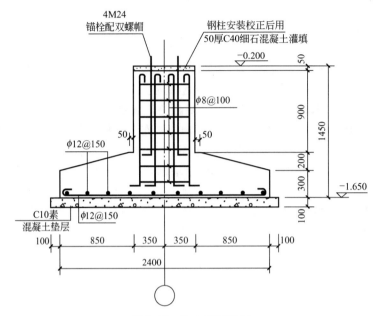

图 9.30 独立基础详图

指定另一个角点或 [面积(A)/尺寸(D)/旋转(R)]：D
指定矩形的长度 <800>：700
指定矩形的宽度 <50>：50
指定另一个角点或 [面积(A)/尺寸(D)/旋转(R)]：<Esc>

(2) 绘制基础外轮廓。

命令：Line
指定第一点：<对象捕捉 开>(用鼠标捕捉 A 点)
指定下一点或 [放弃(U)]：<正交 开> 900(将鼠标向下移动，输入 900，生成 AB 线段)
指定下一点或 [放弃(U)]：50(将鼠标向左移动，输入 50，生成 BC 线段)
指定下一点或 [闭合(C)/放弃(U)]：<正交 关> @-800,-200(利用相对坐标，生成 CD 线段)
指定下一点或 [闭合(C)/放弃(U)]：<正交 开> 300(将鼠标向下移动，输入 300，生成 DE 线段)
指定下一点或 [闭合(C)/放弃(U)]：2400(将鼠标向右移动，输入 2400，生成 EF 线段)
指定下一点或 [闭合(C)/放弃(U)]：300(将鼠标向上移动，输入 300，生成 FG 线段)
指定下一点或 [闭合(C)/放弃(U)]：<正交 关> @-800,200(利用相对坐标，生成 GH 线段)
指定下一点或 [闭合(C)/放弃(U)]：<正交 开> 50(将鼠标向左移动，输入 50，生成 HI 线段)
指定下一点或 [闭合(C)/放弃(U)]：(用鼠标捕捉 J 点，生成 IJ 线段)

指定下一点或 [闭合(C)/放弃(U)]：<Esc>
（3）绘制基础垫层。
命令：Line 指定第一点：（用鼠标捕捉 E 点）
指定下一点或 [放弃(U)]：<正交 开> 100（将鼠标向左移动，输入 100，生成 EK 线段）
指定下一点或 [放弃(U)]：100（将鼠标向下移动，输入 100，生成 KL 线段）
指定下一点或 [闭合(C)/放弃(U)]：2600（将鼠标向下右移动，输入 2600，生成 LM 线段）
指定下一点或 [闭合(C)/放弃(U)]：100（将鼠标向上移动，输入 100，生成 MN 线段）
指定下一点或 [闭合(C)/放弃(U)]：（用鼠标捕捉 F 点，生成 NF 线段）
指定下一点或 [闭合(C)/放弃(U)]：<Esc>
也可用【矩形】命令绘制后插入。

如图 9.31 所示的基础轮廓图基本绘制完成。由于独立基础的剖面图大都为对称图形，因此也可以绘制一半后通过镜像的方法生成另一半。

步骤二：绘制基础中的钢筋

选择"钢筋"图层为当前层。钢筋的绘制方法在前面已经学习过了，通过本例，大家可以进一步熟悉钢筋的绘制方法，以基础底板钢筋为例，基础底板需要在两个方向均配置钢筋、形成钢筋网，因此，剖面上需要绘制一个方向看到的钢筋及另一个方向被剖断的钢筋，如图 9.32 所示。

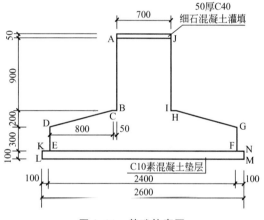

图 9.31 基础轮廓图

选择【多段线】命令，命令行提示如下。
命令：Pline
指定起点：（用鼠标在图形中选择适当点）
当前线宽为 60
指定下一个点或 [圆弧(A)/半宽(H)/长度(L)/放弃(U)/宽度(W)]：160
指定下一点或 [圆弧(A)/闭合(C)/半宽(H)/长度(L)/放弃(U)/宽度(W)]：A
指定圆弧的端点或 [角度(A)/圆心(CE)/闭合(CL)/方向(D)/半宽(H)/直线(L)/半径(R)/第二个点(S)/放弃(U)/宽度(W)]：160
指定圆弧的端点或 [角度(A)/圆心(CE)/闭合(CL)/方向(D)/半宽(H)/直线(L)/半径(R)/第二个点(S)/放弃(U)/宽度(W)]：L
指定下一点或 [圆弧(A)/闭合(C)/半宽(H)/长度(L)/放弃(U)/宽度(W)]：2250
指定下一点或 [圆弧(A)/闭合(C)/半宽(H)/长度(L)/放弃(U)/宽度(W)]：A
指定圆弧的端点或 [角度(A)/圆心(CE)/闭合(CL)/方向(D)/半宽(H)/直线(L)/半径(R)/第二个点(S)/放弃(U)/宽度(W)]：160
指定圆弧的端点或 [角度(A)/圆心(CE)/闭合(CL)/方向(D)/半宽(H)/直线(L)/半

径(R)/第二个点(S)/放弃(U)/宽度(W)]：L

指定下一点或 [圆弧(A)/闭合(C)/半宽(H)/长度(L)/放弃(U)/宽度(W)]：160

指定下一点或 [圆弧(A)/闭合(C)/半宽(H)/长度(L)/放弃(U)/宽度(W)]：<Esc>

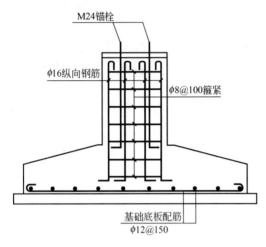

图 9.32 基础钢筋绘制

然后绘制截断的钢筋，前面的章节已经介绍过方法，不再赘述。同理可绘制出基础内部其余钢筋，钢筋绘出后如图 9.32 所示。

步骤三：尺寸及文本标注

基础详图上绘出了各种钢筋以后，应标注每种钢筋的尺寸、种类和布置情况。将"尺寸标注"图层设置为当前层，就可以对基础详图进行标注。标注方法是用短斜直线引出相同的钢筋，然后再用一条短的水平线引出，将标注文字写在上方。还需要标出地坪和基础底部的标高。标注结果如图 9.32 所示。图中保留了一条辅助线作为轴线。

基础详图的主体绘制完成后，还需要一些细节来完善整个图形。

(1) 基础顶部填充。本例中基础顶部为 50 厚 C40 细石混凝土，填充时选取 AR‐CONC 图案，注意比例的选取。

(2) 垫层填充。垫层为 100 厚素混凝土，填充时选取 AR‐CONC 图案。

(3) 将轴线线型改为点划线。得到的效果如图 9.30 所示。

9.5.4 实例总结

基础详图中，一般要把整个基础外形尺寸、钢筋尺寸和定位轴线到基础边缘尺寸、杯口尺寸(单独基础)以及其他细部尺寸都标注清楚。由于基础中钢筋形状不太复杂，不必画出钢筋详图。基础详图对线型、比例的要求与钢筋混凝土梁、柱结构详图相同。

9.5.5 相关知识

房屋结构的基本构件种类繁多、布置复杂，为了图示简明扼要，并把构件区分清楚，以便于制表、查阅、施工，有必要将每类构件给予代号。常用的构建代号一般用该构件名称的双语拼音的第一个字母表示，国家建筑结构制图标准"GB/T 50105—2001"规定见表 9‐3。

表 9‐3 常用构件代号

名称	代号	名称	代号	名称	代号
板	B	槽型板	CB	楼梯板	TB
屋面板	WB	折板	ZB	盖板或沟盖板	GB
空心板	KB	密肋板	MB	吊车安全走道板	DB

(续)

名称	代号	名称	代号	名称	代号
挡雨板或檐口板	YB	梁	L	挡土墙	DQ
墙板	QB	檩条	LT	地沟	DG
天沟板	TGB	托架	TJ	垂直支撑	CC
吊车梁	DL	天窗架	CJ	水平支撑	SC
单轨吊车梁	DDL	框架	KJ	梯	T
轨道连接	DGL	刚架	GJ	雨棚	YP
圈梁	QL	支架	ZJ	阳台	YT
过梁	GL	柱	Z	梁垫	LD
连系梁	LL	框架柱	KZ	预埋件	M
基础梁	JL	构造柱	GZ	天窗端壁	TD
楼梯梁	TL	承台	CT	钢筋网	W
框架梁	KL	设备基础	SJ	钢筋骨架	G
框支梁	KZL	屋架	WJ	基础	J
屋面框架梁	WKL	桩	ZH	暗柱	AZ

本 章 小 结

1. 钢筋混凝土结构施工图基本知识

钢筋混凝土结构是工程建设中最常见的结构形式，钢筋混凝土结构施工图是该类结构进行结构施工建设的依据。本章详细介绍了从建筑平面图入手，绘制钢筋混凝土楼板结构配筋图、楼梯结构配筋图、钢筋混凝土柱截面详图、基础平面布置图及独立基础详图的绘制过程，基本上涵盖了钢筋混凝土结构施工图中常见的类型。

2. 钢筋混凝土结构施工图实例绘图

本章以实例的方式，介绍了钢筋混凝土楼板结构配筋图、楼梯结构配筋图、钢筋混凝土柱截面详图、基础平面布置图及独立基础详图的绘制方法和技巧。掌握这些施工图的绘制，基本可进行钢筋混凝土结构施工图的熟练绘制。

3. 钢筋混凝土结构施工图绘制基本命令

钢筋混凝土结构施工图中主要的绘图命令和前述建筑施工图类似，不同之处在于钢筋的绘制及标注，本章中均有实例命令解析。

习 题

1. 完成下图的钢筋混凝土框架结构的楼板结构图绘制，保存为JieGou. dwg文件。

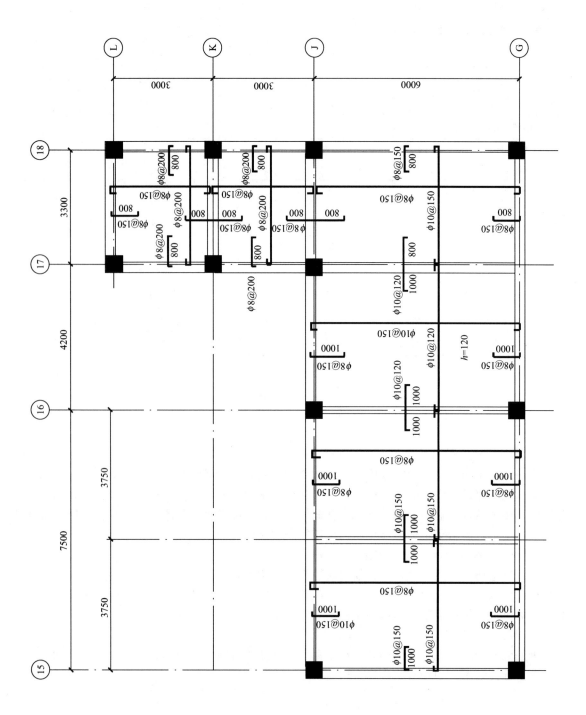

第10章 结构施工图——钢结构

教学目标

(1) 掌握典型钢结构施工图绘制基本知识。
(2) 掌握典型钢结构施工图的绘制技巧。

教学要求

知识要点	能力要求	相关知识
钢结构施工图基本知识	掌握钢结构施工图基本知识和内容	建筑结构制图知识 建筑结构制图标准 钢结构构造
钢结构施工图绘制	通过实例掌握钢结构施工图的绘制技巧	AutoCAD绘图知识
基本绘图命令	掌握钢结构施工图绘制中的相关命令	AutoCAD命令

随着社会经济的发展,钢结构在建筑领域中的应用越来越广泛。钢结构建筑类型较多,其施工图绘制和表达要求和钢筋混凝土结构有明显的差异。本章以典型的钢结构类型,如钢屋架和钢网架施工图为例介绍钢结构的施工图绘制方法,同时介绍了钢结构施工图中占绝大多数比例的节点详图的绘制。

10.1 钢 屋 架

10.1.1 学习目标

通过本例钢屋架轴线图及下例钢屋架详图的绘制,使读者初步掌握钢屋架构件施工图的基本绘制方法。

10.1.2 实例分析

在工业与民用房屋建筑中,当跨度比较大时用梁作屋盖的承重结构是不经济的,这时经常会用到钢屋架。钢屋架形状比较规则,为单线图,因此绘制比较简单。通过观察

图10.1可知，钢屋架单线图具有如下特点。

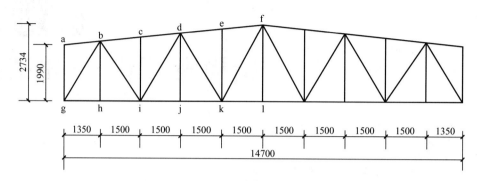

图 10.1 梯形钢屋架

该图形为左右对称结构，对称中心为图形中心线，绘图时可以用镜像 Mirror 命令绘制；

结构的外轮廓线需要有一定的宽度，可以使用多义线 Pline 命令绘制。

10.1.3 操作过程

步骤一：绘图准备

(1) 单击状态栏中的 [正交]、[对象捕捉]、[对象追踪] 和 [DYN] 按钮，使这些按钮处于打开（按下）状态。

(2) 右键单击 [对象捕捉] 按钮，在弹出的快捷菜单中选择"设置"命令，选择【端点】、【中点】和【垂足点】命令。

(3) 打开【图层管理器】对话框，在弹出的【图层特性管理器】中新增"屋架轴线"图层，并设置对象特性，最后将该层设置为当前层。

步骤二：绘制轮廓

1. 绘制外轮廓线

绘制屋架的轴线时，可用直线(Line)命令，如果希望轴线具有一定的宽度也可以用多段线(Pline)命令绘制。

命令：_line 指定第一点：（用鼠标在图面任意位置选取一点a）

指定下一点或［放弃(U)］：1190（鼠标向下移动，输入线段长度1190）

指定下一点或［放弃(U)］：11850（鼠标向右移动，输入线段长度11850）

指定下一点或［闭合(C)/放弃(U)］：3190（鼠标向上移动，输入线段长度3190）

指定下一点或［闭合(C)/放弃(U)］：C（鼠标向下移动。）

完成后的屋架局部轮廓如图10.2所示。

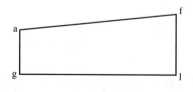

图 10.2 屋架轮廓线绘制

2. 偏移线段

用【偏移】命令绘制屋架竖腹杆和斜腹杆。

命令：_offset

当前设置：删除源=否　图层=源　OFFSETGAP-

TYPE=0

指定偏移距离或［通过(T)/删除(E)/图层(L)］＜通过＞：1500

选择要偏移的对象，或［退出(E)/放弃(U)］＜退出＞：(用鼠标选取 cd 线段)

指定要偏移的那一侧上的点，或［退出(E)/多个(M)/放弃(U)］＜退出＞：(在 cd 线段左侧单击鼠标左键，生成 ef 线段)

继续使用偏移命令生成所需线段

选择要偏移的对象，或［退出(E)/放弃(U)］＜退出＞：

指定要偏移的那一侧上的点，或［退出(E)/多个(M)/放弃(U)］＜退出＞：

选择要偏移的对象，或［退出(E)/放弃(U)］＜退出＞：

指定要偏移的那一侧上的点，或［退出(E)/多个(M)/放弃(U)］＜退出＞：

选择要偏移的对象，或［退出(E)/放弃(U)］＜退出＞：

完成后的屋架竖腹杆如图 10.3 所示。

3. 绘制斜腹杆

打开捕捉交点选项，用【直线】命令捕捉上下弦杆的交点绘制腹杆。

命令：_line 指定第一点：

指定下一点或［放弃(U)］：

指定下一点或［放弃(U)］：

指定下一点或［闭合(C)/放弃(U)］：

指定下一点或［闭合(C)/放弃(U)］：

指定下一点或［闭合(C)/放弃(U)］：

指定下一点或［闭合(C)/放弃(U)］：

指定下一点或［闭合(C)/放弃(U)］：

指定下一点或［闭合(C)/放弃(U)］：

完成后的屋架斜腹杆如图 10.4 所示。

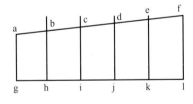

图 10.3　屋架竖腹杆绘制

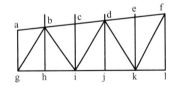

图 10.4　屋架斜腹杆绘制

4. 修剪线段

命令：_trim

当前设置：投影=UCS，边=无

选择剪切边...

选择对象或＜全部选择＞：找到 1 个

选择对象：

选择要修剪的对象,或按住 Shift 键选择要延伸的对象,或
[栏选(F)/窗交(C)/投影(P)/边(E)/删除(R)/放弃(U)]:
选择要修剪的对象,或按住 Shift 键选择要延伸的对象,或
[栏选(F)/窗交(C)/投影(P)/边(E)/删除(R)/放弃(U)]:
选择要修剪的对象,或按住 Shift 键选择要延伸的对象,或
[栏选(F)/窗交(C)/投影(P)/边(E)/删除(R)/放弃(U)]:
选择要修剪的对象,或按住 Shift 键选择要延伸的对象,或
[栏选(F)/窗交(C)/投影(P)/边(E)/删除(R)/放弃(U)]:
屋架轴线图修剪完善后如图 10.5 所示。

步骤三:图形镜像

命令:_mirror 找到 19 个(用框选将所绘图形全部选中)

指定镜像线的第一点:指定镜像线的第二点:<正交 开>(将正交打开,提高镜像的准确性)

要删除源对象吗?[是(Y)/否(N)] <N>:<Enter>

屋架轴线图镜像复制后如图 10.6 所示。

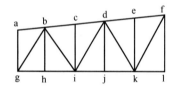 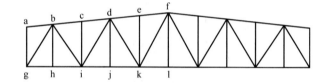

图 10.5 屋架轴线图修剪完善　　　　图 10.6 屋架轴线图镜像复制

步骤四:尺寸标注

结合线性标注和连续标注命令,灵活标注。

命令:_dimlinear

指定第一条尺寸界线原点或 <选择对象>:

指定第二条尺寸界线原点:

指定尺寸线位置或

[多行文字(M)/文字(T)/角度(A)/水平(H)/垂直(V)/旋转(R)]:

标注文字=23700

最后可得到如图 10.1 所示的钢屋架施工图。

10.1.4 实例总结

本例介绍了 AutoCAD 2008 中简单构件的绘图方法。本例可以使用多种方法进行绘图,对于这种简单的对称图形,可以用阵列的方法,也可以用镜像 Mirror,在绘图过程中可根据自己的习惯选择。通过本例的学习可知,在利用 AutoCAD 2008 进行绘图时,多数图形可用多种方法完成,应分析图形的特点,选择最快捷的、最简单的方法进行绘图,以便于快速、精确地绘图。

10.1.5 命令详解

钢屋架(或桁架)的施工图绘制比较简单，其施工图为轴线图，用到的绘图命令的用途前面均已提及，此处不再赘述。

10.1.6 相关知识

钢屋架(桁架)结构是钢结构中一类典型的结构形式之一，在大跨度建筑及工业厂房中均可能用到。钢屋架施工图一般为轴线图，起到定位、施工控制等作用，因此尽管作为单线形式的施工图很简单，但杆件(尤其斜腹杆等)的下料尺寸需要准确表达，否则可能造成安装困难。另外，有些时候屋架(桁架)需要起拱，或者采用分段安装等工艺，这些因素都必须在其施工图中反映进去。

10.2 钢屋架节点详图

10.2.1 学习目标

绘制图 10.6 中钢屋架节点 d 的详图，如图 10.7 所示。

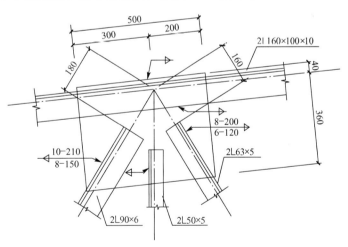

图 10.7 钢屋架节点 d 详图

10.2.2 实例分析

通过计算，钢屋架上弦 ab 杆选用两根不等边角钢∟160×100×10，斜腹杆 dc 杆选用两根等边角钢∟90×6，斜腹杆 df 杆选用两根等边角钢∟63×5，竖腹杆 de 选用两根等边角钢∟50×5，各角钢截面详图如图 10.8 所示，可根据角钢截面详图绘制节点详图。

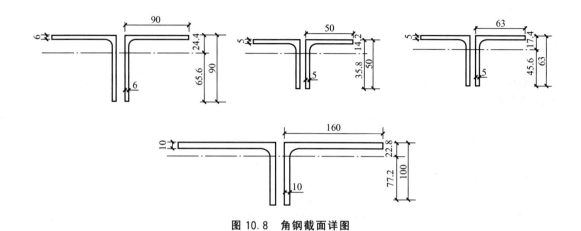

图 10.8 角钢截面详图

10.2.3 操作过程

步骤一：从图 10.1 中将 d 节点的轴线图复制出来，如图 10.9 所示。

步骤二：用偏移命令绘制角钢轮廓线

根据角钢详图，利用【偏移】命令偏移轴线，形成角钢的各种轮廓线。

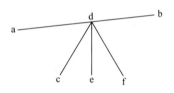

图 10.9 d 节点轴线图

（1）将 ab 轴线向上偏移 22.8mm 形成上弦角钢肢背外轮廓线 A，向下偏移 65.6mm 形成上弦角钢肢尖外轮廓线 C，由于角钢厚度为 10mm，因此将外轮廓线 A 向下偏移 10mm 得到直线 B，A、B 直线间距 10mm。为了区分轴线和轮廓线，将 ad 轴线设置为点划线，偏移后图形如图 10.10(a)所示。

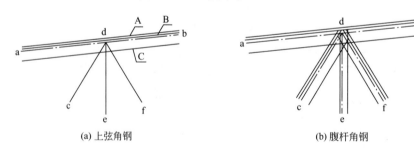

(a) 上弦角钢　　　　　　(b) 腹杆角钢

图 10.10 d 节点角钢绘制

具体步骤如下。

命令：_offset
当前设置：删除源＝否　图层＝源　OFFSETGAPTYPE＝0
指定偏移距离或 [通过(T)/删除(E)/图层(L)] <100>：22.8
选择要偏移的对象，或 [退出(E)/放弃(U)] <退出>：(选择轴线 ad)
指定要偏移的那一侧上的点，或 [退出(E)/多个(M)/放弃(U)] <退出>：(在轴线 ad 上侧拾取一点)
选择要偏移的对象，或 [退出(E)/放弃(U)] <退出>：<Enter>

命令：_offset

当前设置：删除源＝否　图层＝源　OFFSETGAPTYPE＝0

指定偏移距离或［通过(T)/删除(E)/图层(L)］＜228＞：65.6

选择要偏移的对象，或［退出(E)/放弃(U)］＜退出＞：(选择轴线 ad)

指定要偏移的那一侧上的点，或［退出(E)/多个(M)/放弃(U)］＜退出＞：(在轴线 ad 上侧拾取一点。)

选择要偏移的对象，或［退出(E)/放弃(U)］＜退出＞：＜Enter＞

命令：_offset

当前设置：删除源＝否　图层＝源　OFFSETGAPTYPE＝0

指定偏移距离或［通过(T)/删除(E)/图层(L)］＜228＞：10

选择要偏移的对象，或［退出(E)/放弃(U)］＜退出＞：(选择直线 A)

指定要偏移的那一侧上的点，或［退出(E)/多个(M)/放弃(U)］＜退出＞：(在直线 A 下侧拾取一点。)

选择要偏移的对象，或［退出(E)/放弃(U)］＜退出＞：＜Enter＞

偏移后图形如图 10.10(a)所示。

(2)用相同的方法偏移其余轴线，并将轴线设置为点划线以便于区分，如图 10.10(b)所示。

步骤三：绘制节点板

(1)使用【偏移】命令形成节点板的上下边线。

(2)用【倒角】命令修改节点板，如图 10.11 所示。

步骤三：绘制剖断线，修剪角钢杆件

1. 绘制剖断线和截断线

用图 8.3 所示的方法绘制剖断线，在拼接板的适当位置，根据拼接节点的构造要求，绘制角钢的截断线。

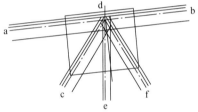

图 10.11　节点板绘制

2. 修剪角钢

用【修剪】命令修剪角钢剖断线处的直线。

用【倒角】命令修改截断线。

绘制完成后如图 10.12 所示。

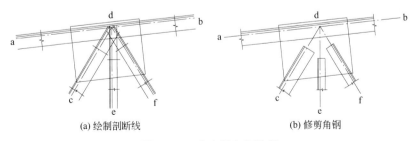

(a) 绘制剖断线　　　　　　(b) 修剪角钢

图 10.12　节点板角钢绘制

步骤四：标注节点尺寸及焊缝

1. 尺寸标注

钢结构节点构造较为复杂，要明确各构件之间的相互关系和位置，就需要详细的尺寸标注，如图 10.13 所示。由于该节点各构件位置不是水平和垂直的，因此，应该用【对齐标注】命令标注。

2. 角钢符号

由于该节点各杆件均为角钢，因此，需要对角钢进行标注，如两根不等边角钢，厚度 10mm，长肢长 160mm，短肢长 100mm，可用 2∟160×100×10 表示，简单明了。这里需要注意的就是标注中的符号问题。

3. 焊缝符号

在钢结构施工图上要用焊缝代号标明焊缝型式、尺寸和辅助要求。《焊缝符号表示方法》GB 324—88 规定：焊缝符号由指引线和表示焊缝截面形状的基本符号组成，必要时可加上辅助符号、补充符号和焊缝尺寸符号，焊接符号标注如图 10.13 所示。

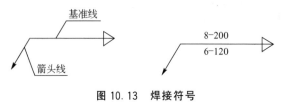

图 10.13 焊接符号

全部完成后，节点详图如图 10.7 所示。

10.2.4 实例总结

钢结构施工图中的详图，尤其节点连接详图，是钢结构施工图的典型特点。对于钢屋架结构体系而言，屋架节点详图是屋架施工的主要组成部分和必不可少的内容，因为其屋架施工图仅为单线轴线图，仅有宏观几何尺寸，而必须在所有的节点详图的配合辅助下，才能实现屋架的施工。

本例中仅选取典型的上弦节点绘制，其余节点类似。节点详图绘制中要注意对应于屋架图纸中的轴线和详图中各杆件截面之间的对应关系，尤其和节点板位置和间距等必须满足构造要求，既满足强度所要求的尺寸，同时可便于加工和施工。各杆件的下料尺寸，需要在详图全部完成后准确地计算出来。

10.2.5 命令详解

本实例绘图中用到的绘图命令的前面均已提及，此处不再赘述。需要提醒的是钢结构详图的焊接符号和文字标注有其自身要求和特点。

10.2.6 相关知识

钢结构施工图的特点是详图很多，这点和钢筋混凝土结构施工图不同，而且钢结构详图要求表达的东西很多很细，因此比较烦琐。因为钢结构的施工特点是根据施工详图，在工厂下料或进行局部组装，运抵现场后再进行结构安装，因此任何加工过程中的过大误差都可能造成施工安装的困难。

本实例中给出钢屋架（桁架）结构的上弦节点详图绘制方法，在钢框架体系或刚架体系中的节点形式比屋架节点复杂，但绘制方法类似，因此掌握了本实例中详图的绘制及文字、符号标注，是绘制其他类型钢结构详图的重要基础。

10.3 外墙转角

10.3.1 学习目标

在轻型钢结构的房屋中，复合压型钢板由于自重轻及施工方便等因素，是常用的维护材料，用来做屋面和墙面，而在房屋拐角是复合压型钢板主要的连接节点。本例通过对图10.14所示外墙转角节点的绘制，使读者了解复合压型钢板作为墙体维护材料的外墙转角节点的基本绘制方法，进一步掌握多段线的用法，熟悉【填充】命令的使用方法，学习转角连接件，如拉铆钉、连接角钢等的绘制方法。

10.3.2 实例分析

图10.14所示的外墙转角节点主要由角钢和拉铆钉将两个方向的彩钢夹心板在内侧和外侧分别连接起来，外墙的轮廓需要一定宽度，选用多段线绘制，内部夹心材料可用【填充】命令生成，角钢可用【直线】和【倒角】命令绘制。转角节点构造虽然不复杂，但需灵活应用多种绘图和修改命令，有些构件的绘制方法，读者也可根据自己的习惯用不同的方法绘制。

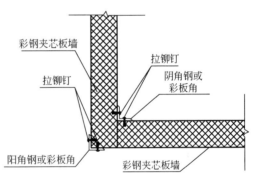

图 10.14　外墙转角节点详图

10.3.3 操作过程

步骤一：绘制外墙

1. 绘制外墙轮廓

外墙轮廓需要一定的宽度，因此用多段线(Pline)命令绘制。

命令：Pline
指定起点：
当前线宽为：5
指定下一个点或 [圆弧(A)/半宽(H)/长度(L)/放弃(U)/宽度(W)]：W
指定起点宽度 <5>：
指定端点宽度 <5>：
指定下一个点或 [圆弧(A)/半宽(H)/长度(L)/放弃(U)/宽度(W)]：500

指定下一点或［圆弧(A)/闭合(C)/半宽(H)/长度(L)/放弃(U)/宽度(W)］：100
指定下一点或［圆弧(A)/闭合(C)/半宽(H)/长度(L)/放弃(U)/宽度(W)］：500
指定下一点或［圆弧(A)/闭合(C)/半宽(H)/长度(L)/放弃(U)/宽度(W)］：

图10.15(a)所示垂直墙段轮廓绘制完成，水平墙段可用相同方法绘制，如10.15(b)图所示。

2. 剖断线

用图8.3所示的方法绘制剖断线，如果已经将剖断线设置成块，直接插入即可。

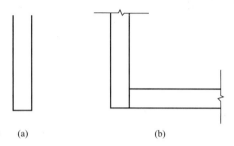

图 10.15 转角边界绘制

3. 填充墙体

命令：Bhatch

拾取内部点或［选择对象(S)/删除边界(B)］：正在选择所有对象…

正在选择所有可见对象…

正在分析所选数据…

正在分析内部孤岛…

拾取内部点或［选择对象(S)/删除边界(B)］：

正在分析内部孤岛…

拾取内部点或［选择对象(S)/删除边界(B)］：

填充后图形如图10.16所示。

(a)【图案填充和渐变色】对话框

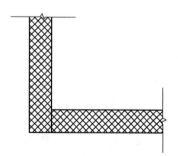

(b) 墙体材料填充后效果

图 10.16 墙体材料填充

步骤二：绘制角钢

1. 绘制角钢内侧线

命令：Line 指定第一点：
指定下一点或 ［放弃(U)］：＜正交 开＞50
指定下一点或 ［放弃(U)］：50
指定下一点或 ［闭合(C)/放弃(U)］：

2. 将内侧线偏移形成外侧线

命令：Offset
当前设置：删除源＝否　图层＝源　OFFSETGAPTYPE＝0
指定偏移距离或 ［通过(T)/删除(E)/图层(L)］＜5＞：5
指定要偏移的那一侧上的点，或 ［退出(E)/多个(M)/放弃(U)］＜退出＞：
选择要偏移的对象，或 ［退出(E)/放弃(U)］＜退出＞：
指定要偏移的那一侧上的点，或 ［退出(E)/多个(M)/放弃(U)］＜退出＞：
选择要偏移的对象，或 ［退出(E)/放弃(U)］＜退出＞：＜Enter＞

3. 用【倒角】命令修改外侧线

命令：Chamfer
("修剪"模式)　当前倒角距离　1＝0，距离　2＝0
选择第一条直线或 ［放弃(U)/多段线(P)/距离(D)/角度(A)/修剪(T)/方式(E)/多个(M)］：
选择第二条直线，或按住 Shift 键选择要应用角点的直线。
最后用【圆弧】命令修改角钢的角部，如图 10.17 所示。

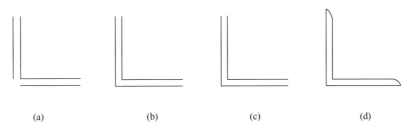

(a)　　　　(b)　　　　(c)　　　　(d)

图 10.17　角钢绘制步骤

步骤三：绘制铆钉
(1) 绘制铆钉帽。
命令：Line 指定第一点：
指定下一点或 ［放弃(U)］：
指定下一点或 ［放弃(U)］：
命令：_arc 指定圆弧的起点或 ［圆心(C)］：(在直线上选取适当一点)
指定圆弧的第二个点或 ［圆心(C)/端点(E)］：(在直线上方选取一点)
指定圆弧的端点：(根据铆钉帽的大小在直线另一端选取一点)
(2) 绘制铆钉杆。

命令：Pline
指定起点：
当前线宽为 5
指定下一个点或 ［圆弧(A)/半宽(H)/长度(L)/放弃(U)/宽度(W)］：W
指定起点宽度 <5>：
指定端点宽度 <5>：8
指定下一个点或 ［圆弧(A)/半宽(H)/长度(L)/放弃(U)/宽度(W)］：<正交 开>
指定下一点或 ［圆弧(A)/闭合(C)/半宽(H)/长度(L)/放弃(U)/宽度(W)］：<Enter>

（3）用图案填充命令将铆钉帽填实，如图10.18所示。
（4）将角钢和铆钉插入图形相应位置，如图10.19所示。

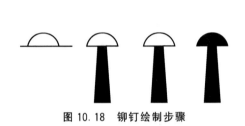

图 10.18　铆钉绘制步骤　　　　图 10.19　墙中铆钉

（5）文本标注。（略）

10.3.4　实例总结

本例题主要让读者了解土建特别是钢结构设计图纸中连接件的绘制方法，比如在绘制拉铆钉时，既可以用"Pline"命令绘制拉铆钉的杆，也可以用"Line"命令绘制一个闭合的梯形，再填充。在绘制角钢时，可以使用"Line"命令绘制内侧或外侧角钢边，在用"Offset"命令生成另一侧，最后用"Arc"命令绘制脚部圆弧，但如果读者能够熟练使用"Pline"命令，也可以用这一个命令绘制全部角钢。

10.3.5　命令详解

绘制圆弧

圆弧是圆的一部分。创建圆弧的默认方法是指定3个点：起点、第二点、端点，用这种方法创建的圆弧将通过这些点。另外，AutoCAD还提供了其他7种定义圆弧的方法，可以基于圆心、半径、弦长、包含角或方向的各种组合等参数绘制圆弧。AutoCAD共提供了11种不同的方法绘制圆弧。这些方法被分成下面的五组。

● 三点：AutoCAD绘制的圆弧通过所指定的3个点。用该方法绘制的圆弧，起点为指定的第一点，并通过指定的第二点，最后在指定的第三点结束。可以沿顺时针或逆时针方向绘制圆弧。

● 起点、圆心：指定圆弧的起点和圆心。用此方式绘制圆弧，要完成该圆弧还需指定它的端点、圆弧的包含角或是圆弧的弦长。指定正的角度，AutoCAD将会绘制一个逆时针方向的圆弧。指定一个负的角度，AutoCAD 将会绘制一个顺时针方向的圆弧。与之相似，指定一个正的弦长，将绘制一个逆时针方向的圆弧，指定一个负的弦长，将绘制一个顺时针方向的圆弧。

● 起点、端点：指定圆弧的起点和端点。用此方式绘制圆弧，要完成该圆弧还需指定它的圆弧包含角起点至端点的方向，或是圆弧的半径。指定正的角度，AutoCAD 将会绘制一个逆时针方向的圆弧。指定一个负的角度，AutoCAD 将会绘制一个顺时针方向的圆弧。指定半径绘制圆弧时，AutoCAD 总是沿着逆时针方向绘制圆弧。

● 圆心、起点：指定圆弧的圆心和起点。用此方式绘制圆弧，要完成该圆弧还需指定它的端点、圆弧的包含角或是圆弧的弦长。指定正的角度，AutoCAD 将会绘制一个逆时针方向的圆弧。指定一个负的角度，AutoCAD 将会绘制一个顺时针方向的圆弧。与之相似，指定一个正的弦长，将绘制一个逆时针方向的圆弧，指定一个负的弦长，将绘制一个顺时针方向的圆弧。

● 连续：该选项绘制的圆弧将与最后一个创建的对象相切。

（1）用三点的方式绘制圆弧，步骤如下所示。

① 使用以下任一种方法。

● 在【绘图】工具栏中，单击【圆】按钮。

● 从【绘图】下拉菜单中，选择【圆弧】→【三点】命令。

● 在"命令:"提示下，输入 Arc(或 A)，并按回车键。

AutoCAD 提示如下。

指定圆弧的起点或 [圆心(CE)]：

② 指定圆弧的起点。注意，此时橡皮筋线将从起点处延伸到光标所在的位置处。

AutoCAD 提示如下。

指定圆弧的第二点或 [圆心(CE)/端点(EN)]：

③ 指定圆弧的第二点。橡皮筋线将从起点开始，通过指定的第二点，并延伸到光标所在的位置处。

AutoCAD 提示如下。

指定圆弧的端点：

④ 指定圆弧的端点。一旦指定了圆弧的端点，AutoCAD 将会绘制圆弧，并按回车键结束命令。

（2）用起点、圆弧圆心和圆弧端点绘制圆弧（如图 3.5 所示）的步骤如下。

① 使用以下任一种方法。

● 在【绘图】工具栏中，单击【圆弧】按钮。

● 从【绘图】下拉菜单中，选择【圆弧】→【起点，圆心，端点】命令。

● 在"命令:"提示下，输入 Arc(或 A)，并按回车键。

AutoCAD 提示如下。

指定圆弧的起点或 [圆心(CE)]：

② 指定圆弧起点。

AutoCAD 提示如下。

指定圆弧的第二点或 [圆心(CE)/端点(EN)]：

③ 如果是从下拉菜单中调用命令，AutoCAD 将会自动提示指定圆弧圆心。否则，需

要输入 C 并按回车键,或是单击右键,从快捷菜单中选择【圆心】命令。

AutoCAD 提示如下。

指定圆弧的圆心:

④ 指定圆弧的圆心。一旦指定圆弧的圆心,橡皮筋线将拉伸圆弧,该圆弧从指定的圆弧起点延伸至圆心与光标所处位置的连线。AutoCAD 提示如下。

指定圆弧的端点或[角度(A)/弦长(L)]:

⑤ 指定圆弧的端点。一旦指定了圆弧的端点,AutoCAD 将绘制该圆弧并结束命令。注意所指定的端点作为圆弧的端点是不必要的。更确切地说,它定义的是圆弧圆心延长线上的端点。圆弧的实际端点将位于这条直线上。

(3) 用起点、端点和角度绘制圆弧(如图 3.6 所示)的步骤如下。

① 使用以下任一种方法。
- 在【绘图】工具栏中,单击【圆弧】按钮。
- 从【绘图】下拉菜单中,选择【圆弧】→【起点,端点,角度】命令。
- 在"命令:"提示下,输入 Arc(或 A),并按回车键。

AutoCAD 提示如下。

指定圆弧的起点或[圆心(CE)]:

② 指定圆弧起点。

AutoCAD 提示如下。

指定圆弧的第二点或[圆心(CE)/端点(E N)]:

③ 如果是从下拉菜单中调用命令,AutoCAD 将会自动提示指定圆弧端点。否则,需要输入 E 并按回车键,或单击右键,从快捷菜单中选择【端点】命令。

AutoCAD 提示如下。

指定圆弧的端点:

④ 指定圆弧的端点。AutoCAD 提示如下。

指定圆弧的圆心或[角度(A)/方向(D)/半径(R)]:

⑤ 如果是从下拉菜单中调用命令,AutoCAD 将会自动提示指定圆弧的包含角。否则,需要输入 A 并按回车键,或单击右键,从快捷菜单中选择【角度】命令。一旦指定了圆弧的端点,橡皮筋线将从起点至端点拉伸圆弧。

AutoCAD 提示如下。

指定包含角:

⑥ 指定包含角度时,既可以输入实际角度值并按回车键,也可以拖动橡皮筋线,在图形中指定一点(从零角度方向测量角度)。一旦指定了包含角,AutoCAD 将绘制该圆弧并结束命令。如果绘制的上一个对象是圆弧、直线或一个打开的二维多段线,可以绘制一个圆弧与此对象相切,并将该对象的端点作为圆弧的起点。

(4) 要绘制一个与上一个对象相切的圆弧的步骤如下。

① 使用以下任一种方法。
- 在【绘图】工具栏中,单击【圆弧】按钮。
- 从【绘图】下拉菜单中,选择【圆弧】→【继续】命令。
- 在"命令:"提示下,输入 Arc(或 A),并按回车键。

AutoCAD 提示如下。

指定圆弧的起点或［圆心（CE）］：

② 如果是从下拉菜单中调用命令，AutoCAD 将会自动提示指定圆弧的端点。否则，按回车键。

AutoCAD 提示如下。

指定圆弧的端点：

注意，此时 AutoCAD 显示拉伸的圆弧，该圆弧从上一个绘制的对象的端点处开始，以一定的角度相切于该对象。

③ 指定圆弧的端点。一旦指定圆弧的端点，AutoCAD 将会创建该圆弧并结束命令。

10.3.6 相关知识

压型钢板内加保温层构造的墙体做法为轻型钢结构中常用的维护墙体形式，外墙转角构造是此类钢结构体系中施工图详图绘制中的主要内容之一，其主要作用要体现转角处的锚固。另外，一些轻型钢结构厂房建筑中的屋面材料也采用类似的构造，因此本实例中的外墙转角构造也可应用在屋面檐口处的构造。

10.4 网架结构施工图

10.4.1 学习目标

学习钢结构中正方四角锥网架的基本绘制方法。

10.4.2 实例分析

网架平面图（图）的线形简单、平面布置规则，在绘制时可充分利用【阵列】或【复制】命令快速准确地绘图。由于网架是一空间桁架体系，因此，要准确绘制并理解网架平面图需要进一步理解网架网格的空间构造。图 10.20 所示为四角锥体系基本单元，从图中可以看出网架网架的上弦杆、下弦杆及腹杆的分布情况，理解了这些，网架的空间模型就可以在脑海里建立起来，对于绘制网架的平面图大有裨益。图 10.21 所示典型的正方四角锥网架。

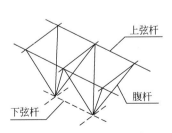

图 10.20　四角锥体系基本单元

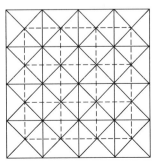

图 10.21　正方四角锥网架

10.4.3 操作过程

网架平面图分布非常有规律，主要由上弦杆、下弦杆及腹杆组成，在绘制时可以用【矩形】命令先绘制一个正方形网格，然后阵列生成其余网格。

步骤一：绘制上弦杆

命令：Rectang

指定第一个角点或 [倒角(C)/标高(E)/圆角(F)/厚度(T)/宽度(W)]：

指定另一个角点或 [面积(A)/尺寸(D)/旋转(R)]：D

指定矩形的长度 <107.5879>：100

指定矩形的宽度 <98.6862>：100

指定另一个角点或 [面积(A)/尺寸(D)/旋转(R)]：

步骤二：绘制腹杆

网架的腹杆在平面图中为上弦正方形网格内的十字交叉线，可用【直线】命令配合【捕捉】命令准确快速地绘制出来，如图10.22所示。

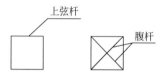

图 10.22 四角锥单元平面图绘制

步骤三：阵列形成上弦杆

上弦杆及腹杆绘制完成后即可用【阵列】命令生成其余网格，打开【阵列】对话框，如图10.23(a)所示填入行列数量及偏移距离和方向。阵列后图形如图10.23(b)所示。

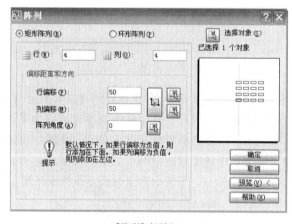

(a)【阵列】对话框

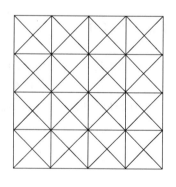

(b) 阵列后上弦及腹杆网格

图 10.23 阵列形成上弦及腹杆网格平面图

步骤四：绘制下弦杆

下弦杆在网架的底层，为了区别于上弦杆，下弦杆可用虚线表示，如图10.24所示，可用【直线】配合【捕捉】命令迅速绘制，完成后如图10.24所示。

步骤五：阵列下弦杆件

打开【阵列】对话框，如图10.25(a)所示填入行列数量及偏移距离和方向。阵列后图形如图 10.25(b)所示。

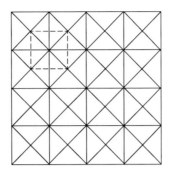

图 10.24 绘制下弦杆单元

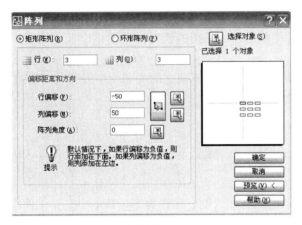

(a) 阵列参数

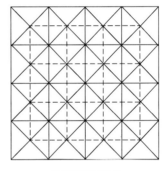

(b) 阵列后下弦杆

图 10.25 阵列形成所有下弦杆

10.4.4 实例总结

本实例仅示范了正方四角锥网架结构的施工图平面，其余形式的网架施工图类似，但应注意上弦、下弦及腹杆等杆件在同一图形中的表达方法。

10.4.5 命令详解

本实例中主要用到了【阵列】命令，该命令的详细操作前面实例中均有涉及，此处不再赘述。

10.4.6 相关知识

网架结构作为一种空间结构形式，主要应用在大跨度大空间的建筑中，如车站、体育场馆等。本实例中仅给出绘制网架结构平面图的方法,网架施工图中很大一部分内容是其节点详图,其绘制的基本操作步骤和10.2节类似。

本 章 小 结

1. 钢结构施工图基本知识

钢结构建筑类型较多,其施工图绘制与表达要求与钢筋混凝土结构有明显的差异。本章以典型的钢结构类型,如钢屋架和钢网架施工图为例介绍钢结构的施工图绘制方法,同时介绍了钢结构施工图中占绝大多数比例的节点详图的绘制。

2. 钢结构施工图实例绘图

本章以实例方式,介绍了钢屋架、钢网架结构平面图绘制,以及屋架节点详图和外墙转角的绘制。不同结构型式的钢结构施工图有所不同,在学习掌握本章这些典型施工图的绘制的基础上,可进一步掌握其他各类钢结构施工图的绘制。

3. 钢结构施工图绘制基本命令

钢结构施工图中主要的绘图命令和前述类似,不同之处在于文字及符号等标注。应在熟练掌握表达方式的基础上掌握相关的绘图命令。

习 题

1. 完成下面钢结构梁柱连接节点的施工图绘制,保存为 SteelJoint.dwg 文件。

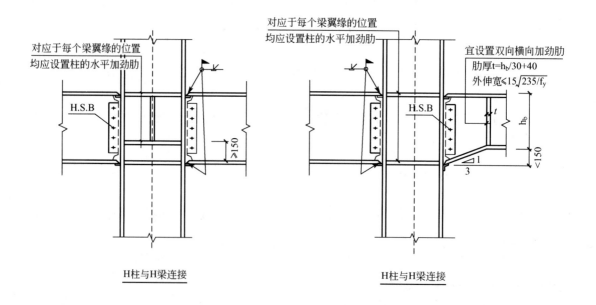

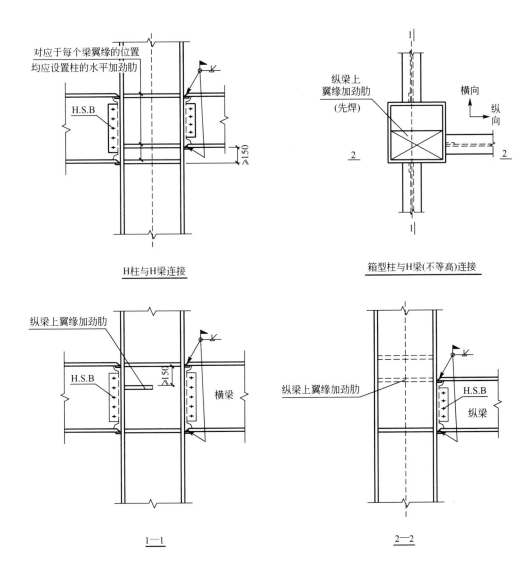

第11章
土建领域常用 CAD 专业软件介绍

教学目标

(1) 了解土建领域常用 CAD 专业软件的功能及适用范围。
(2) 了解 AutoCAD 软件的二次开发工具。

教学要求

知识要点	能力要求	相关知识
土建领域常用 CAD 专业软件	了解土建领域常用 CAD 专业软件的功能及适用范围	结构分析知识 有限元知识
AutoCAD 软件的二次开发	了解 AutoCAD 软件的二次开发工具	AutoCAD 基本手册

本书前面介绍的内容是基于 AutoCAD 软件平台上进行土建领域施工图绘制的方法和实例,事实上,国内外还有很多基于 AutoCAD 软件平台上二次开发的专业软件。利用 CAD 专业软件绘制施工图要比直接基于 AutoCAD 软件效率高,但也涉及软件成本及版权等问题,同时本书全面的基本绘图技巧对于土建领域施工图的绘制也是很有必要的。

限于使用习惯及制图标准的不同,本章仅选择一些用户较多、普及程度较高的建筑 CAD 软件进行介绍,同时也简要介绍一些结构分析 CAD 软件,最后对基于 AutoCAD 的二次开发工具进行简要介绍。需要注意的是,本章内容中各软件的功能介绍大多摘自产品介绍,因此随着产品的更新升级,相关内容也需要更新,读者可到相应产品网站上了解更多的最新信息。

11.1 天正建筑 CAD 系列

天正建筑 CAD 系列软件是天正公司(http://www.tangent.com.cn)出品的土建专业 CAD 软件。天正公司是 1994 年成立的高新技术企业,该公司研发了以天正建筑 TArch 为龙头的包括结构 TAsd、暖通 THvac、给排水 TWT、电气 TElec、日照 TSun、节能 TBEC、市政道路 TDL、市政管线 TGX、规划 TPLS、交通 TJT 等专业的土木建筑领域 CAD 系列软件。下面简要介绍天正建筑 TArch 和结构 TAsd 的主要特点。

11.1.1 天正建筑 TArch

1. 功能介绍

利用 AutoCAD 图形平台开发的建筑软件 TArch 使用方便，成为建筑 CAD 的首选软件之一，同时天正建筑对象创建的建筑模型已经成为天正电气、给排水、日照、节能等系列软件的数据来源，很多三维渲染图也是基于天正三维模型制作而成。

其主要功能特点如下。

(1) 软件功能设计的目标定位

应用专业对象技术，在三维模型与平面图同步完成的技术基础上，进一步满足建筑施工图需要反复修改的要求。利用天正专业对象建模的优势，为规划设计的日照分析提供日照分析模型和遮挡模型，为强制实施的建筑节能设计提供节能建筑分析模型。实现高效化、智能化、可视化始终是天正建筑 CAD 软件的开发目标。

(2) 自定义对象构造专业构件

天正开发了一系列自定义对象来表示建筑专业构件，具有使用方便、通用性强的特点。例如各种墙体构件具有完整的几何和材质特征，可以像 AutoCAD 的普通图形对象一样进行操作，显著提高编辑效率。具有旧图转换的文件接口，可将 TArch 3 以下版本天正软件绘制的图形文件转换为新的对象格式，方便原有用户的快速升级。同时提供图形导出命令的文件接口，可将 TArch 8.0 新版本绘制的图形导出，作为下行专业条件图使用。

(3) 方便的智能化菜单系统

采用 256 色图标的新式屏幕菜单，图文并茂、层次清晰、折叠结构，支持鼠标滚轮操作，使子菜单之间切换更快捷。屏幕菜单的右键功能丰富，可执行命令帮助、目录跳转、启动命令、自定义等操作。在绘图过程中，右键快捷菜单能感知选择对象类型、弹出相关编辑菜单，也可以随意定制个性化菜单适应用户习惯，同时汉语拼音快捷命令使绘图更快捷。

(4) 支持多平台的对象动态输入

AutoCAD 从 2006 版本开始引入了对象动态输入编辑的交互方式，天正将其全面应用到天正对象，适用于从 2004 起的多个 AutoCAD 平台，这种在图形上直接输入对象尺寸的编辑方式，有利于提高绘图效率。

(5) 强大的状态栏功能

状态栏的比例控件可设置当前比例和修改对象比例，提供了墙基线显示、加粗、填充和动态标注(对标高和坐标有效)控制、DYN 动态输入控制。所有状态栏按钮都支持右键菜单进行开关与设置，便于操作。

(6) 先进的专业化标注系统

天正专门针对建筑行业图纸的尺寸标注开发了专业化的标注系统，轴号、尺寸标注、符号标注、文字都使用对建筑绘图最方便的自定义对象进行操作，取代了传统的尺寸、文字对象。按照建筑制图规范的标注要求，对自定义尺寸标注对象提供了前所未有的灵活修改手段。由于专门为建筑行业设计，在使用方便的同时简化了标注对象的结构，节省了内存，减少了命令的数目。同时按照规范中制图图例所需要的符号创建了自定义的专业符号标注对象，各自带有符合出图要求的专业夹点与比例信息，编辑时夹点拖动的行为符合设计规范。符号对象的引入妥善地解决了 CAD 符号标注规范化的问题。

（7）全新设计文字表格功能

天正的自定义文字对象可方便地书写和修改中西文混排文字，方便地输入和变换文字的上下标、输入特殊字符、书写加圈文字等。文字对象可分别调整中西文字体各自的宽高比例，修正 AutoCAD 所使用的两类字体（*.shx 与 *.ttf）中英文实际字高不等的问题，使中西文字混合标注符合国家制图标准的要求。此外天正文字还可以设定对背景进行屏蔽，获得清晰的图面效果。天正建筑的在位编辑文字功能为整个图形中的文字编辑服务，双击文字进入编辑框，提供了前所未有的方便。

天正表格使用了先进的表格对象，其交互界面类似 Excel 电子表格编辑界面。表格对象具有层次结构，用户可以完整地把握如何控制表格的外观表现，制作出个性化的表格。更值得一提的是，天正表格还实现了与 Excel 的数据双向交换，使工程制表同办公制表一样方便高效。

（8）强大的图库管理系统和图块功能

天正的图库管理系统采用先进的编程技术，支持贴附材质的多视图图块，支持同时打开多个图库的操作。天正图块提供 5 个夹点，直接拖动夹点即可进行图块的对角缩放、旋转、移动等变化。天正可对图块附加"图块屏蔽"特性，图块可以遮挡背景对象而无需对背景对象进行裁剪。通过对象编辑可随时改变图块的精确尺寸与转角。

天正的图库系统采用图库组 TKW 文件格式，同时管理多个图库，通过分类明晰的树状目录使整个图库结构一目了然。类别区、名称区和图块预览区之间可随意调整最佳可视大小及相对位置，图块支持拖拽排序、批量改名、新入库自动以"图块长*图块宽"的格式命名等功能，最大程度地方便用户。图库管理界面采用了平面化图标工具栏，新增菜单栏，符合流行软件的外观风格与使用习惯。由于各个图库是独立的，因此系统图库和用户图库分别由系统和用户维护，便于版本升级。

（9）与 ACAD 兼容的材质系统

天正建筑软件提供了与 AutoCAD 2006 以下版本渲染器兼容的材质系统，包括全中文标识的大型材质库、具有材质预览功能的材质编辑和管理模块，天正对象模型同时支持 AutoCAD 2007-2009 版本的材质定义与渲染，为选配建筑渲染材质提供了便利。

天正图库支持贴附材质的多视图图块，这种图块在"完全二维"的显示模式下按二维显示，而在着色模式下显示附着的彩色材质，新的图库管理程序能预览多视图图块的真实效果。

（10）工程管理器兼有图纸集与楼层表功能

天正建筑引入了工程管理概念，工程管理器将图纸集和楼层表合二为一，将与整个工程相关的建筑立剖面、三维组合、门窗表、图纸目录等功能完全整合在一起，同时进行工程图档的管理，无论是在工程管理器的图纸集中还是在楼层表双击文件图标都可以直接打开图形文件。

系统允许用户使用一个 DWG 文件保存多个楼层平面，也可以每个楼层平面分别保存一个 DWG 文件，甚至可以两者混合使用。

（11）全面增强的立剖面绘图功能

天正建筑随时可以从各层平面图获得三维信息，按楼层表组合，消隐生成立面图与剖面图，生成步骤得到简化，成图质量明显提高。

（12）提供工程数据查询与面积计算

在平面图设计完成后，可以统计门窗数量，自动生成门窗表。可以获得各种构件的体积、重量、墙面面积等数据，作为其他分析的基础数据。天正建筑提供了各种面积计算命令，可计算房间净面积、建筑面积、阳台面积等，可以按《住宅建筑设计规范》以及建设部限制大户型比例的有关文件，统计住宅的各项面积指标，分别用于房产部门的面积统计和设计审查报批。

（13）全方位支持 AutoCAD 各种工具

天正对象支持 AutoCAD 特性选项板的浏览和编辑，提供了多个物体同时修改参数的捷径。

2. 实例演示

天正建筑目前的版本为 8.5，支持 32 位操作系统下的 AutoCAD 2002－2012 版本平台下使用，同时支持 64 位操作系统平台下的 AutoCAD 2010－2012 版本。由于 AutoCAD 不同版本的更新需要购买版权，因此天正建筑的兼容性考虑了多个平台。图 11.1 为在 AutoCAD 2008 中启动天正建筑 TArch 8.5 后的界面。天正建筑 TArch 保留了 AutoCAD 系统的下拉式菜单及常用的命令的快捷工具栏，将天正建筑 TArch 的菜单置于屏幕侧面，天正建筑菜单也是多层次菜单。为便于使用，系统默认新增了一些常用天正建筑绘图命令的快捷工具栏。当然，上述界面系统的布置完全可以自行设计并设置在屏幕上显示或隐藏，以获得最大的绘图区域视图空间。

图 11.1 天正建筑 TArch8.5 启动界面

天正建筑中可实现二维及三维建筑施工图的绘制，在进行工作之前，需要进行一些常规的绘图参数设置。设置内容主要包括绘图比例、默认文字样式、默认尺寸标注样式、图层管理等，其中菜单项中【设置】—【天正选项】可设置绘图所需的绝大部分参数。一般情况下系统默认的初始绘图设置可满足制图之需，可不用进行专门的修改，除非有特殊的要求。

本书前几章已介绍了应用 AutoCAD 软件本身的命令和功能绘制建筑及结构施工图。在掌握 AutoCAD 基本绘图命令和技巧的情况下，如采用基于 AutoCAD 二次开发平台上的专业绘图软件(如天正系列软件)，则绘图效率会更高，当然，也需要再次付出软件的使用费用。下面以第四章中典型建筑平面图(图 4.62)为例，简要说明采用天正建筑软件包绘制建筑施工图的一般步骤。由于前面已详细介绍过大多绘图命令，此处不再罗列，仅给出关键的部分命令或参数。天正建筑软件还可进行建筑立面、剖面及详图、总平面图及三维图形等的绘制，具体可参阅该软件的有关实例教材，此处不再赘述。

用天正建筑软件绘制建筑施工图的步骤和第四章的内容大体相同，在图 11.1 中的天正建筑屏幕左侧菜单栏中也基本按照绘制步骤排列了相关命令。对于如图 4.62 的建筑平面图，绘制步骤基本如下(假设基本绘图环境参数已设置)：【轴网柱子】—【墙体】—【门窗】—【尺寸标注】—【文字标注】。以下分别按照不同命令介绍。

步骤一：轴网柱子

【轴网柱子】菜单的主要功能是绘制轴线及柱子，其中绘制轴线有生成规则柱网及不规则柱网两种方法，还有轴网编辑功能；柱绘制也有标准柱、角柱及构造柱的不同绘制命令，还包括柱中心与轴线中心偏心的情况等。其主要功能如图 11.2 所示。本例中轴线比较规则，可以直接选用绘制轴网命令生成。绘制轴网命令的参数对话框如图 11.3 所示，分别依据横向及纵向轴网数据填写即可生成轴网，其中"上开"和"下开"分别表示上部及下部的开间尺寸，"左进"和"右进"分别表示左边及右边的进深尺寸。轴网尺寸可手工输入也可从列表中选取。

图 11.2 【轴网柱子】
菜单下拉式内容

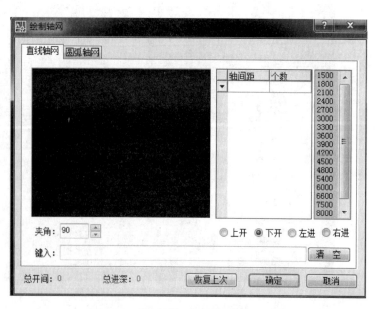

图 11.3 【绘制轴网】命令参数对话框

绘制好的轴网如图 11.4 所示。

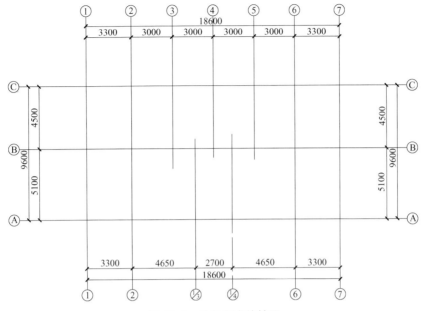

图 11.4　绘制完成的轴网

本例结构为砖混结构体系，墙厚为 370mm，其中外墙轴线外侧尺寸 250mm，内侧 120mm，内墙均为 240mm，图中柱均为构造柱尺寸 240×240mm。因此图中构造柱可在墙体绘制完成后添加，也可在轴线完成后按照标准柱添加，此处不再给出命令对话框。

步骤二：绘制墙体

【墙体】命令可完成墙体的绘制。本例中可先绘制全部墙体，然后添加门窗，墙体会自然断开。需要注意的是内墙及外墙的不同厚度。墙体绘制完成后如图 11.5 所示。

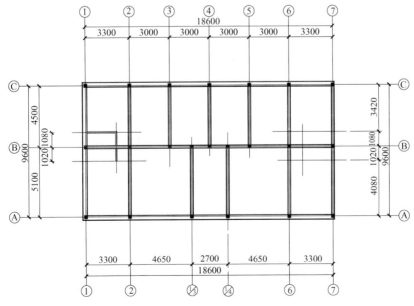

图 11.5　墙体绘制完成

步骤三：绘制门窗

【门窗】命令可完成门窗的添加，并方便尺寸的标注。绘制时需注意门窗的编号、尺寸及位置、开门方向等。添加门窗时注意按照所需门窗的类型分别进行，可先进行添加门的操作，然后进行添加窗的操作。门窗类型可从软件构件库中选择合适的类型。门窗绘制完成后如图11.6所示。

步骤四：尺寸及文字标注

【尺寸标注】和【文字表格】命令可完成所需的标注内容。轴线标注已完成轴线间尺寸及总尺寸的标注，【尺寸标注】仅需补充细部尺寸标注即可。完成标注后的图形如图11.6所示。

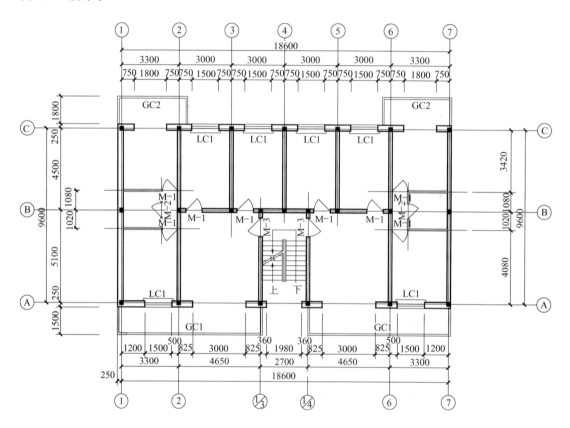

图11.6 绘制完成的标准层建筑平面图

本节通过应用天正建筑软件重新绘制本书第四章的标准层建筑平面图，体现了应用基于二次开发的专业绘图软件的高效和便利。事实上，在掌握了AutoCAD基本绘图命令和技巧的基础上，很快就能掌握专业绘图软件的使用技巧。天正建筑软件包功能强大，远比本例中展示的内容丰富，除可迅速完成本例中建筑平面图的绘制外，还可很方便地完成建筑立面、剖面及详图等，在本例平面图绘制中有关命令对话框参数的输入中可看到，即使是绘制建筑平面图，建筑构件的竖向尺寸也都需要输入（例如墙高、门窗高度、窗台高度等参数），这些参数就是自动生成立面及剖面图时所需要的。尽管本例中未提及立面图及剖面图等的绘制，通过自学可以很快掌握相关技巧。

11.1.2 天正结构 TAsd

1. 功能介绍

天正结构 TAsd 8.2 是天正研发人员根据工业与民用建筑结构设计的具体需要开发的最新成果，构建在 AutoCAD2004～2011 平台上。它是一款运行稳定、执行效率高、功能强大的后处理结构设计软件。用户可以轻松完成杆件和节点的设计、节点详图、施工图的绘制。

其具有如下应用特点。

(1) 灵活方便的混凝土结构设计

提供钢筋混凝土平面整体表示法绘制梁、柱、墙功能，完全符合国家标准图集《混凝土结构施工图平面整体表示方法制图规则和构造详图》(03G101)，可完成单、双向板、梁等小构件的配筋计算；提供方便的独立浅基础配筋计算(支持 PKPM 计算生成的数据文件)、大样详图的参数化绘制以及单个基础的沉降计算；新增桩基承台的计算与绘图；强大的板式楼梯配筋计算与绘制、梁式钢梯和埋件的计算与绘制；灵活方便的任意钢筋绘制和编辑功能。

(2) 功能强大的钢结构设计

提供了常用钢结构断面绘制，焊缝标注，檩条(墙梁)布置等工具。各种断面绘制工具均可自动计算断面的常用截面特性值。提供了大量的节点参数化绘图功能，只需设置好各绘图参数即可绘制出漂亮的节点图。提供了各种常用截面、材料的特性计算、查询工具，可以抛开参考书，随用随查。提供了各种常用支撑参数化绘图功能，以往需要数小时的辛苦工作才能完成的支撑图，现在只需设置好各绘图参数即可完成。进一步完善了吊车梁的计算与绘制。

(3) 方便快捷的常用工具

提供结构施工图中常用符号的绘制、文本编辑、标注编辑、实体编组操作、图层操作等。提供齐全的接口类型可与 PKPM、天正建筑等软件接口，实现建筑结构软件的接力运行。

(4) 新颖齐全的结构图库

提供了一个完善的图库管理程序和一些系统图库。其中系统图库里面的图块均来自于实际的工程实例，用户稍加调整即可直接引用。允许用户自行添加图库，修改、增加图库内容。

(5) 齐全的结构规范查询

提供最新的结构规范，以帮助文件 CHM 格式内置几十本常用结构设计规范和标准。方便广大用户的查询使用。

2. 实例演示

同天正建筑 TArch8.5 类似，天正结构 TAsd 8.2 也可基于多种版本的 AutoCAD 平台。基于 AutoCAD2008 平台的天正结构的启动界面如图 11.7 所示。

从图 11.7 所示天正结构 TAsd 的菜单内容可见，天正结构软件的功能强大。其绘图步骤和前述用 AutoCAD 绘制结构施工图基本类似，菜单的排列也基本体现了绘图步骤。

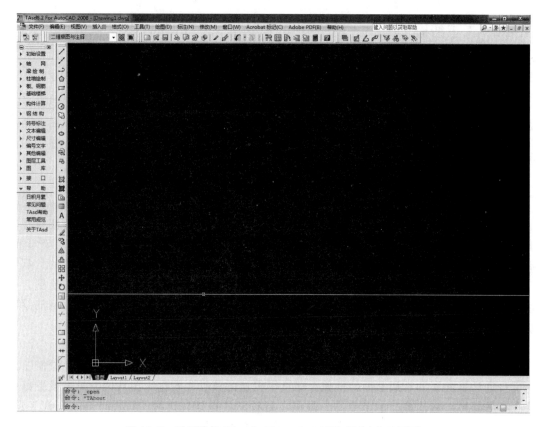

图 11.7 天正结构 TAsd 8.2(AutoCAD2008 平台)启动界面

绘图前也需要对绘图环境进行设置。对于常规的结构施工图而言,其绘制步骤大体如下:【轴网】→【梁绘制】→【柱墙绘制】→【板、钢筋】。而结构详图也可在上述命令中实现,如梁结构剖面详图、柱墙剖面详图等。基础、楼梯有专门的绘图模块,而且还有基本的结构构件配筋计算功能。【符号标注】【文本编辑】【尺寸编辑】【编号文字】等菜单的功能和用法与天正建筑类似。此外还有其余一些工具,在此不再赘述。

    为对天正建构 TAsd 软件的强大功能有进一步了解,本节同样选取本书第 9 章的楼板配筋图(图 9.1)重新进行绘制,也可对两种方法有所对比。

    图 9.1 所示楼板配筋图即为图 4.63 所示标准层建筑平面图所对应的楼板结构配筋图。前面已利用天正建筑 TArch 完成了建筑平面图的绘制(图 11.6),因此本例中可直接在建筑图的基础上进行结构施工图绘制。选择天正建筑 TArch 的菜单命令【文件布图】下【图形导出】命令,可将建筑施工图保存为结构平面条件图,参数设定如图 11.8 所示。经由天正建筑导出后的结构条件图中将门窗构件消除,保留墙体(砖混结构)或绘制框架梁(框架体系在墙位置处联通设置框架梁)。生成的结构平面条件图如图 11.9 所示。

    如图 11.9 所示的结构平面条件图并不能完全满足绘制结构施工图的需要,但也可节省很多时间,省去轴网、墙体(或梁)的绘制。当然该条件图中有些内容还不符合结构施工图布置,例如转换时卫生间隔墙被去掉、楼梯还保留、楼板和墙体内边缘位置处应为虚线等。这些工作可以通过进一步修改完成。修改完成后的可进行结构平面图绘制的条件图,如图 11.10 所示。

要在图 11.10 的基础上完成如图 9.1 所示的楼板配筋图，主要工作就是楼板配筋的绘制，需要用到天正结构的【板、钢筋】菜单命令，其下拉菜单如图 11.11 所示。楼板钢筋的绘制要用到其中"板底钢筋"、"支座钢筋"和"标注钢筋"命令，如还需编辑，则可能会用到其他命令。

图 11.8　天正建筑图形导出对话框

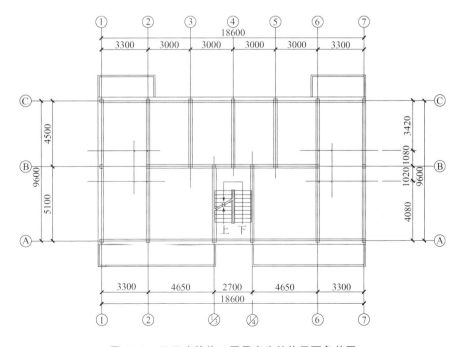

图 11.9　天正建筑施工图导出为结构平面条件图

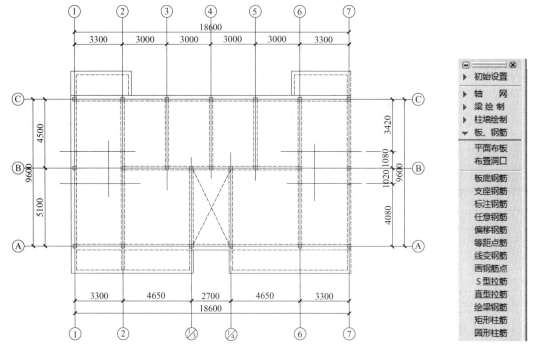

图 11.10　修改完善后的结构平面条件图

图 11.11　天正结构中【板、钢筋】菜单

按照已完成的计算配筋结果(这里可参考图 9.1),选用合适的【板、钢筋】中命令,对于板底正钢筋,用"板底钢筋"命令,对于支座负钢筋,用"支座钢筋"命令,需要在各自命令的对话框中输入相应的参数即可完成绘图,参数对话框分别如图 11.12 所示。重复多次上述命令,即可完成板的配筋。最终完成的标准层结构楼板配筋图如图 11.13 所示。

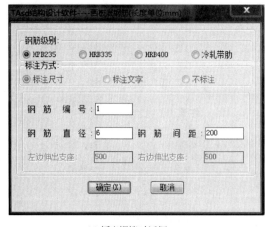
(a) 板底钢筋对话框

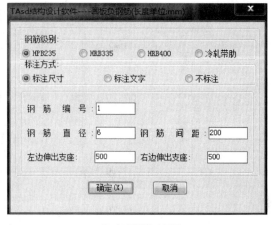
(b) 支座钢筋对话框

图 11.12　板钢筋绘制对话框

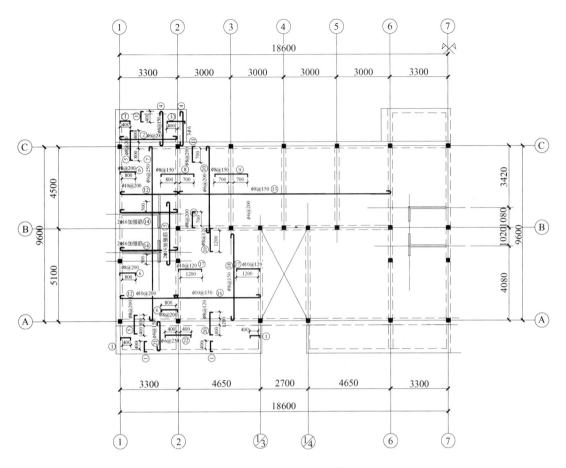

图 11.13 标准层楼板配筋图

本例中楼板结构配筋图是基于天正建筑生成的建筑施工图的基础上,利用天正建筑和天正结构之间的文件转换接口进行的,同时,也尽可能应用了天正结构中的最简单的命令。从本例简单的楼板配筋图绘制例子中,可体会使用天正结构绘制结构施工图的便利。事实上,结构施工图中的很多配筋详图,在天正结构软件包中仅由一个命令对话框输入合适的参数即可完成。例如,结构施工图中经常需要表达的梁截面配筋图绘制,仅需天正结构菜单栏中选择【梁绘制】→【梁截面】命令,并在如图 11.14(a)中【画梁截面】对话框中输入相应的参数,即可完成如图 11.14(b)所示的梁截面配筋图。绘制柱截面配筋图,需选择菜单【柱墙绘制】→【矩形截面】命令,并在如图 11.15(a)中【矩形柱截面】对话框中输入相应的柱几何尺寸及配筋信息等参数,即可完成如图 11.15(b)所示的柱截面配筋图。

此外,天正结构还可以进行一些基本构件如基础和楼梯的计算和绘图,其下拉菜单如图 11.16 所示。该菜单可完成独立浅基础的基础,并输入计算书,并分别完成阶形杯口独立基础、阶形现浇独立基础、锥形杯口独立基础和锥形现浇独立基础等的详图绘制。还可完成桩基础承台的计算和绘图等。图 11.17 给出锥形独立基础的计算对话框及绘图实例。

 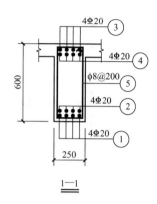

(a) 画梁截面配筋对话框 (b) 梁截面配筋图

图 11.14 梁截面配筋图绘制

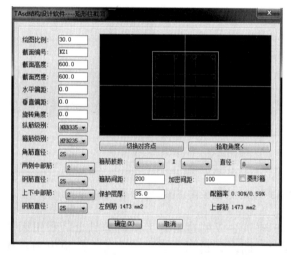 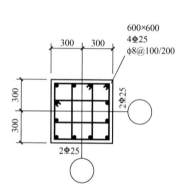

(a) 矩形柱截面配筋对话框 (b) 柱截面配筋图

图 11.15 柱截面配筋图绘制

图 11.16 【基础楼梯】菜单

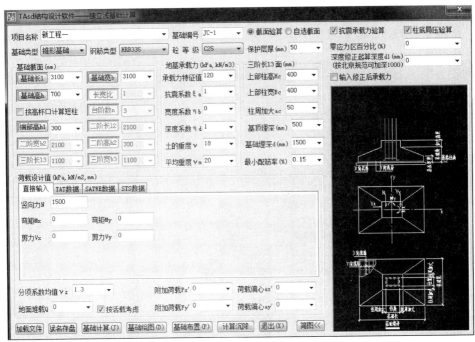

(a) 锥形独立基础的计算对话框

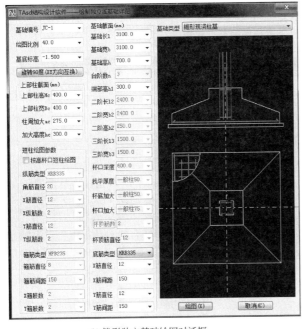

(b) 锥形独立基础绘图对话框

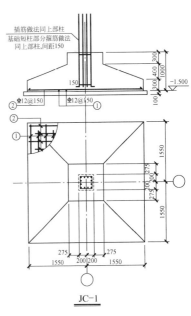

(c) 锥形独立基础详图

图 11.17 锥形独立基础的计算对话框及绘图实例

目前的天正结构软件中也包括了钢结构绘图的基本命令,可完成主要的钢结构构件截面绘制,另有吊车梁的计算模块和典型钢结构梁柱节点、梁梁拼接节点及柱脚节点等的计算和绘图,还可完成工业厂房钢结构柱间支撑的设计和绘图,协助完成钢结构施工图的绘制，同时提高绘图效率。限于篇幅，下面仅给出梁柱刚接节点和刚接柱脚的对话框及绘图实例，分别如图 11.18 和 11.19 所示。

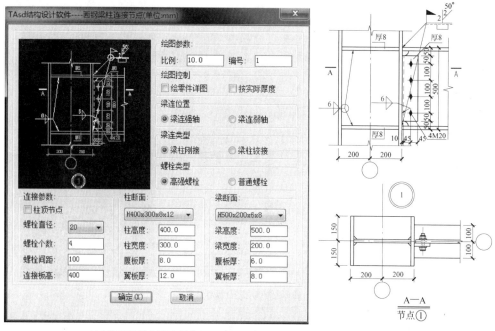

(a) 梁柱刚接节点绘图对话框   (b) 梁柱刚接节点

图 11.18　梁柱刚接节点绘图

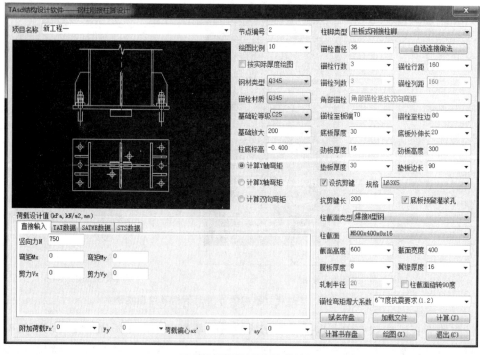

(a) 刚接柱脚设计及绘图对话框

图 11.19　刚接柱脚计算与绘图

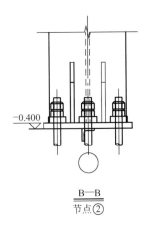

(b) 刚接柱脚的施工图

图 11.19(续)

选择菜单【钢结构】→【节点设计】→【梁柱设计】,可出现图 11.18(a)所示的对话框,根据要求输入或修改相应的参数,可直接完成梁柱刚接节点绘图,如图 11.18(b)所示。选择菜单【钢结构】→【节点设计】→【刚接柱脚】,可出现图 11.19(a)所示的对话框,可以导入已有结构分析软件的柱脚内力数据进行刚接柱脚的计算和设计,当然也可直接输入柱脚设计内力进行计算,并生成计算书;设置好相应的施工图绘制参数,可完成刚接柱脚绘图,如图 11.19(b)所示。图 11.19(a)中的刚接柱脚类型,除图中的平板式构造外,还有等长式和下收式的靴梁柱脚构造。不同构造做法的选取依据设计要求及内力等确定。其余功能此处不再举例。

除与天正建筑 CAD 系列软件配套的使用说明外,天正公司出版发行了天正建筑及天正结构等系列软件的使用指南手册,有关指导书可帮助读者尽快熟悉和掌握该系列软件的使用。具体信息可到其官方网站(http://www.tangent.com.cn)查询。

11.2 结构分析 CAD 软件

相对于前面介绍的天正建筑 CAD 系列绘图专业软件而言,结构分析软件的发展也很快。结构分析软件可帮助结构工程师完成建筑结构的建模、分析及设计验算等工作。目前大多数结构分析软件也提供了施工图绘制或生成功能，但大多数由结构设计软件自动生成的施工图都需要进行人工干预和调整，相对其强大的结构分析功能，其施工图设计方面还需进行加强。

下面以几类目前国内常用的结构分析软件为例，简要介绍各类软件的功能特点。因结构分析软件的长处并不在于施工图绘制，且部分结构分析软件并不提供施工图绘制功能，本书仅介绍其结构分析的主要功能。需要强调的是，每类结构分析软件均由其不同的建模和分析特征，学习和掌握该类软件需要扎实的土木工程领域的专业知识，尤其结构分析及结构设计方面的知识，同时也需要进行长时间的积累。一般而言每类软件都会有完备的用户指南及结构分析手册，会提供一些典型的算例供用户学习，其中会详细介绍软件的使用方法及计算原理，因此本书中不再对结构分析软件的内核进行说明。同时，结构分析实例需要具备更多更全面的土木工程领域的专业知识，因此此处也不再介绍具体结构分析实例。

11.2.1 PKPM 系列软件

PKPM 系列软件是中国建筑科学研究院建筑工程软件研究所（http://www.pkpm.com.cn)开发的产品，其主要研发领域集中在建筑设计 CAD 软件，绿色建筑和节能设计软件，工程造价分析软件，施工技术和施工项目管理系统，图形支撑平台，企业和项目信息化管理系统等方面，并创造了 PKPM、ABD 等知名全国的软件品牌。PKPM2008 版一体化软件的启动界面如图 11.20 所示。

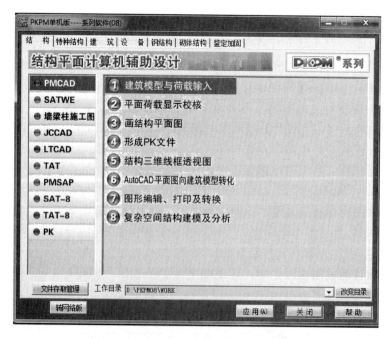

图 11.20　PKPM2008 版系列软件启动界面

PKPM 系列软件，除了建筑、结构、设备(给排水、采暖、通风空调、电气)设计于一体的集成化 CAD 系统以外，还有建筑概预算系列(钢筋计算、工程量计算、工程计价)、施工系列软件(投标系列、安全计算系列、施工技术系列)、施工企业信息化等。PKPM 在国内设计行业用户众多,市场占有率高,现已成为国内应用最为普遍的 CAD 系统之一。

  PKPM 系列软件中的建筑模块有三维建筑设计软件 APM 和 ABD。三维建筑设计软件 APM 是一个建筑方案设计及建筑平面、立面、剖面、透视施工图和总图设计的 CAD 软件,是 PKPM 系列 CAD 系统中的建筑软件。ABD V7.0 基于 AutoCAD 2000 上开发,同时可以运行在 AutoCAD 2000/2002/2004 平台上。由平面施工图入手,实施平面施工图与三维模型的融合设计;采用面向对象设计技术,构造丰富的自定义建筑专业对象,使对象的编辑功能和自我修复功能更强大;恰当的动态关联机制,使数据与图形的变化达到动态统一的效果。

  PKPM 系列软件中的结构软件模块很多,其主要包括建模系统 PMCAD 模块和其他的基于不同设计分析功能的模块。其中 PMCAD 是整个结构 CAD 的核心,它建立的全楼结构模型是 PKPM 各二维、三维结构计算软件的前处理部分,也是梁、柱、剪力墙、楼板等施工图设计软件和基础 CAD 的必备接口软件。PMCAD 也是建筑 CAD 与结构的必要接口。结构模块中有基于不同分析模型的模块,如多高层三维分析系统 TAT 、SATWE 模块,用于基础设计的 JCCAD 模块,用于楼梯设计的 LTCAD 模块,剪力墙设计系统 JLQ 模块,用于钢结构设计的 STS 模块等。随着 PKPM 的发展,其每个模块的功能都在不断扩充和完善,如钢结构模块增加了很多内容:PKPM2008 中钢结构模块可进行门式刚架、框架、桁架、支架、框排架、空间结构及钢结构重型工业厂房等各类钢结构的分析和设计。

  到目前为止,PKPM 系统在进行结构分析的同时,还可完成大部分结构施工图的自动绘制,但还需要进行相应的人工调整。在 PKPM2008 版本中,结构施工图绘制模块也得到了增强,也建立了类似于 AutoCAD 系统的菜单模式,提供了和 AutoCAD 软件的文件接口。PKPM 系统功能强大,包括的内容也较多,更多详细信息可参考该软件的网站。

11.2.2 广厦结构 CAD 系统

  广厦结构 CAD 系统是深圳市广厦软件有限公司(http://www.gscad.com.cn)的产品,该公司成立于 1996 年,是专业从事建筑结构设计 CAD 开发和销售的高新企业,主要从事建筑结构 CAD 产品研发。作为以设计院背景研发的广厦结构 CAD 具有易学、易用、出图快的特点,主要产品有广厦钢筋混凝土结构 CAD、广厦钢结构 CAD、广厦打图管理系统和广厦结构施工图设计实用图集等。

  广厦钢筋混凝土结构 CAD 是一个面向民用建筑的多高层结构 CAD,由广东省建筑设计研究院和深圳市广厦软件有限公司联合开发,完成从建模、计算和施工图自动生成及处理一体化设计,结构计算包括空间薄臂杆系计算 SS 和空间墙元杆系计算 SSW。

  广厦钢结构 CAD 结合了钢铁设计研究院几十年钢结构设计和施工的经验,是由设计院开发的钢结构 CAD 系统,从实际应用出发,解决从建模、计算到施工图、加工图和材料表的整个设计过程,帮助设计院尽快进入钢结构设计市场。广厦钢结构分为工厂钢结构 CAD(门式刚架、平面桁架和吊车梁 CAD)和网架网壳钢结构 CAD 两大部分。钢结构 CAD 系统以 AutoCAD 为图形平台,运行于 Windows 平台。

  广厦打图管理系统可以进行单机和网络打图管理,网络支持 Novell 和 Windows NT 两种网络系统,同时可进行 10 台绘图仪的管理,动态监测绘图仪的运行情况,计算设计人员或项目的出图成本,打印统计报表,加强各设计院打图管理和进行成本核算的工作。

土木建筑CAD实用教程

广厦结构施工图设计实用图集与广厦CAD配套使用,该图集由广东省建筑设计研究院投入大量人力精心绘制,内含70张标准图,可减少设计图纸工作量30%以上,并减少设计错误,提高设计质量。该图集光盘版向用户提供标准图的DWG格式文件,使用户在AutoCAD下可任意修改、拼接、绘制新图。

目前广厦CAD系统的最新版本为15.0,其学习版可到其网站下载。广厦的启动界面如图11.21所示,共包括三个主要模块界面。

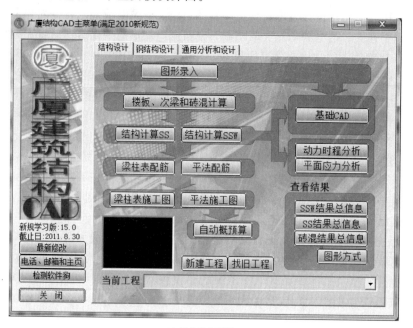

(a) 结构设计模块

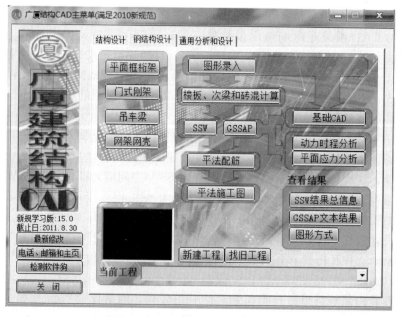

(b) 钢结构设计模块

图11.21 广厦CAD 15.0版系列软件启动界面

(c) 通用分析和设计模块

图 11.21(续)

广厦 CAD 系统进行结构分析的建模步骤和 PKPM 系统思路类似，都是采用图形化的建模方式，首先输入结构的几何特性及荷载等，最终生成可供软件进行计算的数据文件，接口相应的分析模块进行。其中的三个不同模块的核心结构分析模块是一致的，都是调用结构计算模块来实现。针对不同的模块中构件设计的特点，不同模块中分别设计了不同的命令菜单。广厦 CAD 系统还可对结构分析结果进行施工图设计，主要可完成钢筋混凝土框架梁平法配筋和平法施工图的绘制。

11.2.3 MIDAS 系列

MIDAS 中文名为迈达斯(中文网页 http：//www.midasuser.com/chinese.asp)，韩国迈达斯技术公司出品的机械与土建领域的有限元分析设计系列软件，其中土建领域的产品中有适用于建筑领域的通用结构分析及最优化设计系统 MIDAS/Gen，剪力墙住宅楼结构分析及自动最优化设计系统 MIDAS/ADS，楼板和筏板分析及最优化设计系统 MIDAS/SDS，单体构件设计辅助程序 MIDAS/Set，结构施工图及材料用量自动计算软件 MIDAS/Drawing。适用于桥梁领域的软件有桥梁领域通用结构分析及最优化设计系统 MIDAS/Civil，墩台自动设计系统 MIDAS/Abutment，桥墩自动设计系统 MIDAS/Pier，桥梁 RC 板自动设计系统 MIDAS/Deck，桥梁领域结构详细分析系统 MIDAS/FEA 等系列软件。适用于岩土工程领域的软件有地基及隧道结构专用分析系统 MIDAS/GTS(二维版本 MIDAS/GTS 2D)，桥梁脚手架特殊结构专用分析系统 MIDAS/GeoX 等系列软件。以下仅简单介绍 MIDAS/Gen 和 MIDAS/Civil 的功能特点。

MIDAS/Gen 是具有直观的用户操作环境，使用了计算机图形显示技术的通用建筑结构分析系统。以用户为中心的输入/输出功能，在复杂大型模型的建模、分析及设计过程中提供了方便，大大提高了生产效率。该程序搭载了 multi-frontal 求解器和分析机理，以多样的分析功能和支持国内外设计规范的自动设计功能，为建筑领域结构分析设计提供解决方案。MIDAS/Gen 主要可完成建筑结构从建模到分析的过程，目前，MIDAS/Gen 暂时不提供符合中国制图规范及设计标准的施工图绘制功能，但提供了和其他结构分析软件的接口，以便于相互校核分析结果。MIDAS/Gen 的启动界面如图 11.22 所示。

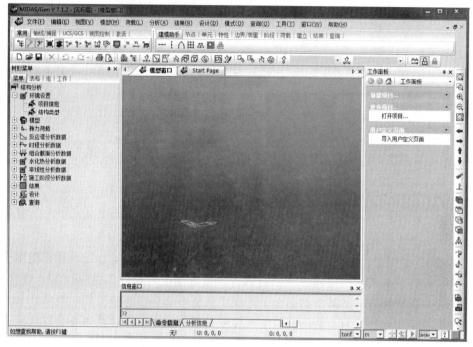

图 11.22 MIDAS/Gen 的启动界面

MIDAS/Civil 是针对桥梁，特别是预应力箱型桥梁、悬索桥、斜拉桥等特殊的桥梁结构形式进行分析，同时可以进行非线性边界分析、水化热分析、材料非线性分析、静力弹塑性分析、动力弹塑性分析。为能够迅速、准确地完成类似结构的分析和设计。MIDAS/Civil 的启动界面如图 11.23 所示。

由于 MIDAS 系列软件为国外引进的，因此对于我国使用者而言最关键的是要引入国内结构设计规范，同时提供符合国内设计规范的计算结果。目前在国内发布的 MIDAS 系列软件中基本都嵌入了国内规范，同时也提供了众多国际规范，可方便使用者采用不同国家的设计规范进行对比。

11.2.4 金土木 CSI ETABS/SAP2000 等系列软件

美国 CSI 公司(Computers & Structures Inc.，http://www.csiberkeley.com)是专业从事土木工程领域结构分析软件开发的国际性公司。三十多年来，为土木工程领域结构分析提供了优秀的软件产品，其代表产品有集成化的建筑结构分析与设计软件 ETABS、集成化的通用结构分析与设计软件 SAP2000 和钢筋混凝土及预应力钢筋混凝土楼板、梁和基础底板的设计软件 SAFE 等。目前还提供了三维结构非线性分析与性能评估软件 PER-

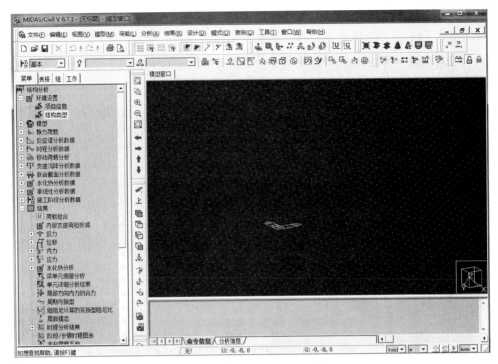

图 11.23 MIDAS/Civil 的启动界面

FORM 3D 等。北京金土木公司(http://www.bjcks.com)代理其产品，并进行了本地化规范应用和推广等工作。下面仅对 ETABS 和 SAP2000 的功能特点进行简单介绍。

ETABS 是一个集成化的分析与设计软件，它可以对多层、高层不同体系类型的建筑结构进行分析和设计，也可以根据需要完成世界大多数国家和地区规范的结构设计。ETABS 继续保持原有产品的传统，并且发展成为集成化的建筑分析和设计的界面。绘图用户界面基于对象，分析和设计则拥有着强大的运算方法和计算法则。具有完善、直观和灵活的界面，代表着集成化和技术界面的先进水平。集成化的模型能够包含纯弯框架、支撑框架、交错桁架、简支梁或单向板框架、刚性和弹性楼板、坡屋顶、行车坡道、错层、多塔结构、混凝土和钢结构组合楼板等。运用指尖即可为复杂问题找到解决方案，比如节点区变形、隔板剪应力以及施工顺序加载。无论设计简单的二维框架，还是复杂高楼大厦带有控制层间位移阻尼器的非线性动力分析，ETABS 都可解决。图 11.24 为 ETABS 启动界面。

SAP2000 是集成化的通用结构分析与设计软件。适用于桥梁、工业建筑、输电塔、设备基础、电力设施、索缆结构、运动设施、演出场所和其他一些特殊结构的设计。SAP2000 保持了原有产品的传统，具有完善、直观和灵活的界面，为在交通运输、工业、公共事业、体育和其他领域工作的工程师提供无出其右的分析引擎和设计工具。在 SAP2000 三维图形环境中提供了多种建模、分析和设计选项，且完全在一个集成的图形界面内实现，是最具集成化、高效率和实用的通用结构软件。先进的分析技术提供了：逐步大变形分析、多重 P - Delta 效应、特征向量和 Ritz 向量分析、索分析、单拉和单压分析、Buckling 屈曲分析、爆炸分析、针对阻尼器、基础隔震和支承塑性的快速非线性分析、用能量方法进行侧移控制和分段施工分析等。桥梁设计者可以用 SAP2000 的桥梁模板建立桥梁模型，自动进行桥梁活荷载的分析和设计，进行桥梁基础隔震和桥梁施工顺序分析，进行大变形悬索桥分析和 Pushover 推倒分析。图 11.25 为 SAP2000 启动界面和新模型类型，可以基本了解用 SAP2000 可完成结构分析的结构类型。

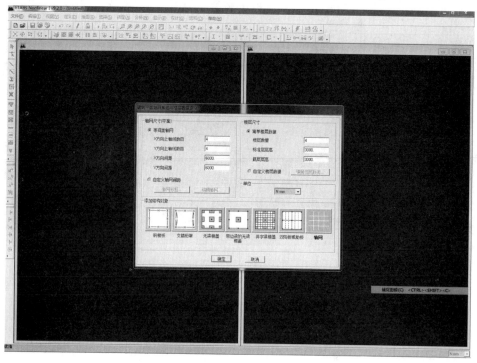

图 11.24　ETABS 启动界面

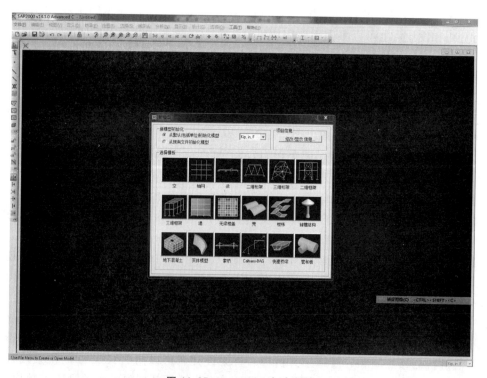

图 11.25　SAP2000 启动界面

CSI 系列软件引入国内后，都已内嵌了国内现行结构设计规范，例如 SAP2000 和 ETABS 中同时也包括了英国、加拿大、美国、印度、挪威等国家规范，而且也包括了不同国家中不同类型的设计规范。

11.3 AutoCAD 的二次开发工具简介

AutoCAD 是目前国内外应用最为广泛的 CAD 支撑软件，AutoCAD 的成功在于它具有开放的体系结构，允许用户对其功能进行扩充和修改和发展，最大限度地满足用户的特殊要求，即所谓用户化或用户定制。AutoCAD 最强有力的扩充手段就是通过支持高级语言编程提供应用程序的二次开发环境和工具。下面简要介绍 AutoCAD 的二次开发技术和编程方法，有关进一步的知识细节，可参考相关二次开发文献。

11.3.1 AutoLISP/Visual LISP

AutoLISP 是嵌入 AutoCAD 内部的 LISP 语言。1985 年 6 月推出的 AutoCAD 2.17 版本向用户提供了 AutoLISP 二次开发环境。AutoLISP 作为一种解释型语言，可用来修改和扩充 AutoCAD 系统菜单和命令、设计对话框驱动程序、实现对图形数据库的修改和访问等。AutoLISP 代码不必经过编译即可执行，与 AutoCAD 通讯简便，是 AutoCAD 的第一代二次开发工具。

从 AutoCAD R14.0 开始，AutoCAD 提供了 Visual LISP 开发工具。Visual LISP 继承了 AutoLISP 的编程环境，在很大程度上克服了 AutoLISP 效率低和保密性差的缺陷。Visual LISP 编程环境也是内嵌入在 AutoCAD 中，可在 AutoCAD 菜单中直接进入 Visual LISP 开发环境。

11.3.2 VBA

VBA 是 Visual Basic for Application Programming Environment 的缩写，AutoCAD R14.0 以上版本提供了 VBA 开发环境。在 AutoCAD 中 VBA 已经成为标准安装组件，利用 AutoCAD 对 VBA 的支持，用户可以使用 Active X 对象来开发 VBA 应用程序。在 AutoCAD 菜单上选择 Tools→Macro→Visual Basic Editor 就可以进入 Visual Basic 编程环境。

11.3.3 ADS/ARX/ADSRX

1. ADS

ADS（AutoCAD Development System），是 AutoCAD R11.0 版提供的 C 语言开发系统，充分利用 C 语言的结构化编程手段，使应用程序以外部可执行文件的方式在 AutoCAD 环境中运行。ADS 实际是一组可以用 C 语言来编写 AutoCAD 应用程序的头文件和目标库文件。ADS 应用程序是可以在 AutoCAD 环境中运行的可执行文件，它和 Auto-

CAD 建立通讯联系，向 AutoCAD 发布命令，并获得命令执行的结果。ADS 应用程序既可以充分利用 AutoCAD 本身具有的强大功能，同时又拥有 C 语言运行函数库的全部功能。ADS 应用程序只能使用静态的 AutoCAD 命令集和系统提供的结构化函数，因而在程序运行速度和功能上还是受到了很大的限制。

2. ARX

从 AutoCAD R13.0 版开始，AutoCAD 提供了更为高级的开发工具 ARX(AutoCAD Runtime eXtension)。ARX 以 C++ 为基本开发语言，它充分发挥了面向对象编程的诸多优势，使得应用程序运行速度更快、访问和操作图形数据库更为方便。ARX 包括了一系列的类库及头文件，其应用程序实际上是一个动态链接库(DLL)，它共享 AutoCAD 的地址空间并直接调用 AutoCAD 的函数，从而使得 ARX 程序与 AutoCAD 内核的通讯更为紧密，运行速度也比 ADS 程序更快。

3. ADSRX

正如 C++ 语言可以兼容 C 语言一样，在 ADS 与 ARX 之间，AutoCAD 提供了称为 ADSRX 的编程手段和程序库，实现 ARX 对 ADS 程序的兼容。ARX 类库中的一部分库函数就是以前的 ADS 函数，被称为 ADSRX 函数。ADSRX 函数与标准的 ADS 函数界面是完全一样的，不同的是这些函数可以与 ARX 程序共同工作，并共享 AutoCAD 的地址空间，又与 ARX 类库中的其他函数没有任何区别。

11.3.4 ObjectARX

ObjectARX(Object AutoCAD Runtime eXtension)是 Autodesk 公司针对 AutoCAD R14.0 及以上版本推出的第三代开发环境，它支持面向对象编程，并同时向下兼容 ADS。ObjectARX 是基于 AutoCAD R13.0 的 ARX 的升级版本，即 ARX 从 2.0 版本开始称为 ObjectARX。由于 ObjectARX 比较完善，一经推出迅速得到了广大开发人员的青睐，在机械设计、工程分析、建筑结构、化学工程、电气工程等各种需要大量交互计算与绘图的应用领域中发挥着重要的作用。随着面向对象编程技术的成熟，AutoCAD 最强大的功能就在于它具有面向对象的开发环境及其图形对象数据库。与 ADS 编程相比，基于 ObjectARX 的二次开发环境提供了更为强大的功能，同时编程技术也更为复杂，要求开发人员具备和掌握更多的编程知识。

本 章 小 结

1. 土建领域常用 CAD 专业软件

土建领域常用 CAD 专业软件较多，本章简单介绍了应用范围比较广泛的施工图绘制专业软件包天正建筑 TArch 和天正结构 TAsd，结构分析与设计绘图软件包 PKPM 系列软件、广厦结构 CAD 系统、MIDAS 系列软件、金土木 CSI ETABS/SAP2000 系列软件的功能特点。通过此部分内容的介绍，希望读者在掌握扎实的专业知识的基础上，可以正确合理地选择软件，并对软件计算结果进行判断和分析。

2. AutoCAD 软件的二次开发

AutoCAD 软件二次开发是扩展实现其专业性的主要途径。本章简单介绍了目前常见的 AutoCAD 软件二次开发的工具。感兴趣的读者可继续阅读相关专门的文献。

习　题

1. 用天正建筑 TArch 软件完成本书第 3-8 章习题中的绘图题，用天正结构 TAsd 软件完成本书第 9，10 章结构施工图绘制。比较和体会分别用 AutoCAD 环境和天正软件绘图的差异。

参 考 文 献

［1］ 任爱珠，张建平. 土木工程CAD技术［M］. 北京：清华大学出版社，2006.
［2］ 刘琼昕，杨铮，刘锡轩. 建筑工程CAD［M］. 北京：清华大学出版社，2009.
［3］ 中华人民共和国建设部. 房屋建筑制图统一标准（GB/T 50001—2001）［S］. 北京：中国计划出版社，2001.
［4］ 中华人民共和国建设部. 总图制图标准（GB/T 50103—2001）［S］. 北京：中国计划出版社，2001.
［5］ 中华人民共和国建设部. 建筑制图标准（GB/T 50104—2001）［S］. 北京：中国计划出版社，2001.
［6］ 中华人民共和国建设部. 建筑结构制图标准（GB/T 50105—2001）［S］. 北京：中国计划出版社，2001.